Cuadernos de lógica, epistemología y lenguaje

Volumen 21

Lógica Dialógica
Reglas y ejercicios para hacer lógica con diálogos

Cuadernos de Lógica, epistemología y lenguaje
Series Editor   Shahid Rahman
Assistant Editor   Lucas Hinojosa

Lógica Dialógica
Reglas y ejercicios para hacer lógica con diálogos

Juan Redmond
Rodrigo López-Orellana

ISBN 978-1-84890-447-7

College Publications
Scientific Director: Dov Gabbay
Managing Director: Jane Spurr

http://www.collegepublications.co.uk

Cover produced by Laraine Welch

Presentación

Lógica Dialógica
Reglas y ejercicios para hacer lógica
con diálogos

El presente libro es una edición de College Publications y del grupo de investigación liderado por Juan Redmond y Rodrigo López-Orellana (Centro de Filosofía de la Ciencia, Lógica y Epistemología [CEFILOE]) en la Universidad de Valparaíso (Chile) y en colaboración con el grupo de investigación *Pragmatisme Dialogique* dirigido por Shahid Rahman. Departamento de Filosofía, Universidad de Lille - Charles-de-Gaulle, Francia.

Se trata de la versión castellana corregida y completada de las versiones inglesa y francesa publicada junto a Matthieu Fontaine (Cf. Fontaine & Redmond 2008 y 2011).

Lógica Dialógica. Reglas y ejercicios para hacer lógica con diálogos constituye la primera introducción a la Lógica dialógica en castellano dirigida a la práctica de la dialógica y que contiene comentarios precisos sobre ejercicios y soluciones tanto de lógica proposicional como de lógica clásica de primer orden, intuicionista y elementos de lógica modal proposicional. Es la primera parte de la obra *Los Diálogos de la Lógica*, concebida en dos textos autónomos separados sobre lógica dialógica. Los dos textos deberían ofrecer conjuntamente una visión técnica y filosófica completa del enfoque dialógico de la lógica.

Este trabajo fue posible gracias al apoyo de ANID: FONDECYT Regular N° 1221132 y FONDECYT Postdoctoral N° 3210531.

CONTENIDO

PRÓLOGO

La *lógica dialógica* es un marco de diálogo para el significado, el conocimiento y la lógica arraigado en una tradición sobre la teoría y la práctica de la argumentación que se remonta a la dialéctica en la Antigüedad griega, cuando las cuestiones semánticas, epistémicas y éticas se abordaban a través de debates en los que partes opuestas discutían una tesis a través de preguntas y respuestas.[1]

La lógica dialógica contemporánea fue concebida por Paul Lorenzen en 1958, el año de su conferencia *Logik und Agon* celebrada en Venecia en el Duodécimo Congreso Mundial de Filosofía y fue desarrollada posteriormente por Kuno Lorenz. Inicialmente la Lógica Dialógica apuntaba a superar algunas limitaciones de la *Lógica Operativa* del propio Lorenzen (1955).[2]

Los trabajos de Lorenzen y Lorenz y la *Escuela Constructivista de Erlangen* tomó más tarde la forma de un marco dialógico general pragmático y lúdico para la filosofía del lenguaje, la lógica y las ciencias. Este marco fue el resultado del entrelazamiento de las matemáticas y la lógica constructivas,[3] de una lectura dialéctica del surgimiento de la filosofía del lenguaje y la lógica en la tradición griega antigua,[4] y de la noción de juegos de lenguaje de Wittgenstein[5], con especial énfasis en el fundamento ético del pensamiento conceptual.[6]

---

[1] Aunque ha habido enfoques paralelos, a menudo independientes, en otras tradiciones y períodos, particularmente en el subcontinente indio – cfr. Lorenz (1998) –, y también en el contexto de las teorías de la argumentación jurídica islámica medieval, que se desarrollaron mucho antes de la recepción de la lógica aristotélica – véase Young (2016, 2022).

[2] Cfr. Lorenz (2001); Schroeder-Heister (2008).

[3] Cfr. Lorenzen & Lorenz (1978).

[4] Cfr. Ebbinghaus (1964), Lorenz y Mittelstrass (1966, 1967), Lorenz (2011).

[5] Cfr. Kamlah y Lorenzen (1967), Lorenz (1970); Lorenz (2008, 2011).

[6] Cfr. Lorenzen (1969), Lorenzen y Schwemmer (1973), Lorenz (2021).

Lorenz añadió tres perspectivas metodológicas importantes al proyecto[7], a saber:

a) la reconstrucción de teorías del significado y el conocimiento de la historia de la filosofía que incluyen no sólo a Platón sino también las tradiciones indias y el pensamiento chino,
b) una comprensión semiótica, peirceana, de la noción wittgensteniana de juegos de lenguaje, y
c) el uso explícito de la teoría matemática de juegos en lógica para el estudio de 5las propiedades metalógicas de los diversos sistemas lógicos desarollados en el seno del cuadro dialógico.

Como señalan Clerbout y McConaughey (2022), el desarrollo del Marco Dialógico experimenta actualmente un creciente interés especialmente

- en el campo de la teoría de la argumentación;[8]
- en historia y filosofía de la lógica y matemáticas;[9]
- en lógicas no clásicas;[10]
- en informática;[11]
- en lingüística aplicada, razonamiento jurídico, inteligencia artificial y teoría de juegos;[12]
- En lógica y matématicas constructivas.[13]

---

[7] Cfr. Lorenz (1961, 1998, 2008, 2010, 2015, 2021).
[8] Cfr. Gethmann (1982), Barth y Krabbe (1982), Walton (1984), Johnson (1999), Woods y Walton (1989), Woods y cols. (2002), van Eemeren y Grootendorst (2004), Prakken (2005), Vaidya (2013), Novaes (2015, 2020), Dutilh Novaes y French (2018), French (2019).
[9] Cfr. Ebbinghaus (1964), Lorenz y Mittelstrass (1966, 1967), Molinero (2020), Keffer (2001), Yrjönsuuri (2001), Hintikka (2006), Novaes (2007), Castelnérac y Marion (2009), Crubellier (2011), Clerbout et al. (2011), Marion y Ruckert (2015), Gorisse (2017, 2018), Crubellier et al. (2019), Uckelman (2013); Young (2016, 2022), McConaughey (2021); Iqbal (2022).
[10] Cfr.Rahman y Rûckert (1999), Keiff (2007, 2010); Rückert (2011); Alama et al. (2011), Uckelman (2013).
[11] Cfr Blass (1992), Lecomte y Quatrini (2011a,b), Fermüller (2003).
[12] Cfr. Ranta (1988, 1994), Hintikka (1996), Hintikka y Sandu (1997), Prakken (2005), Ginzburg (2012).
[13] Cfr. Coquand (1995), Felscher (1985), Sørensen y Urzyczyn (2006); Martin-Löf (2015, 2017, 2019a,b), Klev (2022, 2023), Sterling y Angiuli (2021).

El próximo volumen focalisará en un nuevo desarrollo del marco dialógico, llamado *Razonamiento Inmanente*,[14] que extiende el poder expresivo de tal marco incorporando ciertas propiedades de la teoría constructive de tipos (TCT) de Per Martin-Löf. En efecto, en sus trabajos más recientes Martin-Löf (2017,2019a,b) destaca la importancia de la perspectiva dialógica para la elucidar las raíces deónticas del concepto de contenido de juicio.[15]

Esto nos remonta a los inicios de la Lógica Dialógica y al trabajo de Lorenz (2010) y a su formulación del significado como dominio de un esquema de acción. El principio filosófico fundamental del enfoque dialógico, observa Lorenz, es el rechazo de las formas reduccionistas habituales de entender la interfaz entre semántica y pragmática. Según la concepción de Lorenz (2011), la interfaz entre semántica y pragmática no debe entenderse:

- ni como el resultado de una *semantización de la pragmática* como la practicada por diferentes variantes de la semántica formal, donde aspectos deónticos, epistémicos, ontológicos y temporales se convierten en conectivas veritativo-funcionales,
- ni como el resultado de una pragmatización de la semántica como la practicada por las teorías de los actos de habla, donde un núcleo proposicional, cuando es puesto en uso, se complementa con modos para producir afirmaciones, preguntas, órdenes, etc.

La visión de Lorenz (2010), por el contrario, es que cada enunciado pone en obra simultáneamente ambos aspectos, el pragmático y el semántico, ya que un enunciado significa (estrato semántico) y comunica (estrato pragmático) a la vez. La articulación que los diferencia emerge durante una fase posterior del proceso dialógico básico, a saber, el enseñar y el aprender mediante la interacción.

Más precisamente, la lógica dialógica estudia diálogos; pero también toma la forma de diálogos. En un diálogo, dos partes (jugadores) debaten sobre una tesis (una determinada afirmación que otorga el tema principal del debate). El debate se desarrolla de acuerdo a ciertas reglas que fijan el marco formal para su desarrollo. El desarrollo del debate involucra enunciados declarativos, llamados *afirmaciones* (*statements*) y enunciados interrogativos llamados solicitudes o preguntas. Las afirmaciones, dejando de lado la

---

[14] Cfr. Rahman et al. (2018).
[15] Cfr. Klev (2022, 2023).

tesis, constituyen o bien respuestas a preguntas o bien ataques – como discutiremos más adelante en el marco dialógico es crucial distinguir entre *afirmación* (*statement*) y *aserción* (*assertion*).

El jugador que expone la tesis es el Proponente (**P**), y su interlocutor, el jugador que cuestiona la tesis, es el Oponente (**O**). Al cuestionar la tesis del Proponente, el Oponente exige al Proponente que defienda su afirmación mediante una secuencia de juagadas, gobernadas por las reglas adoptadas para el desarrollo de un diálogo.

Las reglas que dan forma a un diálogo se dividen en dos tipos:

1. Reglas de **partículas** – en lógica de primer orden son las reglas que determinan cómo cuestionar y cómo defender conectivas y cuantificadores. Las reglas de partículas otorgan la explicación dialógica del **significado *local*** de una expresión;
2. Reglas **estructurales**, también llamadas reglas de desarrollo o procedurales – ellas determinan como comenzar y terminar el diálogo, quién gana y quién pierde, etc. Las reglas estructurales otorgan la explicación dialógica del significado ***global*** de tal expresión.

Es importante recalcar que las reglas de partículas explican el significado de una expresión independientemente de las reglas estructurales que fijan el desarrollo de un diálogo (también llamado *partida*) e independientemente de cuál de los interlocutores es el que fija la tesis, es decir, estas reglas prescriben cómo cuestionar una afirmación y cómo defenderla, pero no fijan quién es el que ataca y quién el defensor.

Más aún, las reglas estructurales regulan el uso de las explicaciones dialógicas del significado local en el contexto del desarrollo de una partida. Una regulación tal establece el significado dialógico global de las expresiones que occurren durante el desorrollo de la partida. La elección entre diferentes reglas de desarrollo posibles, determina qué patrones de razonamiento cuentan como significativos y cuáles no: por ejemplo, la elección entre una regla de Desarrollo que permite rehacer una defensa o no, determina si el razonamiento se desarrolla bajo el enfoque de una teoría del significado intuicionista o más bien bajo el enofque de una teoría clásica del significado.

El cuadro dialógico, incluye un tercer nivel de significado: el nivel de *estrategias* que provee la noción de inferencia válida. Sin embargo, a diferencia de los inferencialistas, la noción de estrategia ganadora no es suficiente: saber ganar no es ciertamente lo mismo que saber cómo jugar. Una estrategia ganadora es admissible si emerge de una sequencia de partidas desarrolladas por medio de jugadas que preservan el signficado local.

En efecto, una de las motivaciones históricas principales de la invención del cuadro dialógico fue desarrollar un marco en dónde la noción de *admisibilidad,* introducida por primera vez por la *Lógica Operativa* de Lorenzen, una lógica en la cual reglas de inferencia fijan el signficado, es substituida por la noción de *preservación del significado local.* De hecho, como señaló Schroeder-Heister (2008), admisibilidad fue la vía por la cual Lorenzen otorgó significado a la teoría de la prueba y lo que distinguió su enfoque del formalismo sintáctico. La idea es que la admisibilidad nos permite identificar *un núcleo de significado invariante* en relación con un conjunto de reglas: una regla es admisible si conserva el significado de las expresiones fijadas por ciertas reglas introducidas en un sistema inicial declarado como sistema de referencia.[16]

Después del *giro dialógico,* la identificación de un núcleo invariante de significado se redujo a identificar el significado local puesto a la obra tanto en las reglas estructurales como en las estratégicas.[17] Atribuciones de admisibilidad respecto a una inferencia (o reglas de inferencia) son ahora reemplazadas por atribuciones de *definibilidad-dialógica* (*dialogue- definiteness*):

- Una expresión disfruta de la propiedad de *definibilidad dialógica,* si puede afirmarse como tesis en una partida individual y finita de suma cero, que termina con pérdida o pérdida para uno de los jugadores y que está regulada por reglas estructurales que preservan las explicaciones

---

[16] La noción de admisibilidad sigue siendo uno de los principios principales de los enfoques teóricos de la prueba contemporáneos; sobre todo después que Dag Prawitz vinculó atribuciones de admisibilidad y procedimientos de normalización – véase Lecomte y Quatrini (2011a,b).

[17] Presumiblemente la noción de admisibilidad de Lorenzen fue inspirada por la noción Aristotélica de reduccion a las figuras perfectas – cfr. Ebbinghaus (1964). Así, según la interpretación de Lorenzen, las reducciones al silogismo perfecto, si tienen éxito, muestran que las reglas reducidas preservan el significado local establecido por las reglas dialécticas para los cuantificadores codificados por las reglas para la demostración por éctesis – cfr. Crubellier et al. (2019).

dialógico del significado.[18]

- Más aún, en el contexto dialógico la justificación de reglas de inferencia equivale a mostrar que preservan el significado local, es decir, que preservan un núcleo de explicación del significado dialógico invariante respecto a los jugadores y las reglas estructurales.[19]
- En resumen, desde la perspectiva del dialógico, la raíz de las reglas de inferencia, expresadas por reglas para construir una estrategia ganadora, es la explicación del significado dialógico local puesto en funcionamiento mediante reglas estructurales que las preservan. Las reglas dialógicas no son una interpretación dialógica de reglas de inferencia, sino que las justifican.
- El primer punto es crucial para cualquier forma de pluralismo dialógico, ya que elegir entre diferentes patrones de razonamiento supone un núcleo invariante respecto al cual deben constituirse las normas para determinar tanto el desarrollo de una partida como el de una estrategia ganadora.

Para finalizar, permítanme unas breves palabras a fin de resaltar las diferencias del cuadro dialógico respecto a enfoques similares.

Desde la perspectiva de la Teoría Constructiva de Tipos (TCT) de Per Martin-Löf, el objectivo principal de las reglas dialógicas es de proveer un cuadro formal para el desarollo de las formas de contenido asertórico empleadas en la teoría de tipos.

Desde la perspectiva de Built-In-Opponent (BIO) de Catarina Dutilh Novaes (2020), la interpretación dialógica de procesos inferenciales tiene como objetivo principal persuadir y convencer a un destinatario (a veces plural) sobre el razonamiento que conduce a la conclusión obtenida.

Desde la perspectiva inferencialista de Robert Brandom (1994), el objetivo principal de la interpretación dialógica es de proveer un cuadro formal para poner en obra las componentes déonticas de un sistema dado de reglas de inferencia comprendidas como la interacción de derechos y obligaciones en el seno de juegos de pedir y dar razones.

---

[18] Lorenz (2001).
[19] Esta es la razón por la que los operadores tipo *tonk* pueden descartarse en el marco dialógico – cfr. Rahman y Redmond (2016).

Los tres enfoques enfatizan ideas importantes del Marco Dialógico:

- el entretejido de los components deónticos y epistémicos del significado, en el caso de la TCT, y
- el rol de los aspectos psicológicos y sociológicos en el contexto de una explicación, en el caso del enfoque BIO.

Sin embargo, en contraste con estas interpretaciones, los creadores de la dialógica no concibieron su enfoque como una interpretación dialógica de un sistema deductivo ya dado, sino como un cuadro dentro del cual un sistema deductivo resulta de aquellas reglas de desarrollo de una estrategia ganadora, que preservan el significado dialógico local y global determinado por las reglas de partículas y estructurales.

Según la perspectiva del *viejo enfoque* que nos permitimos llamar la perspectiva del *dialógico verdadero*, el nivel de partida es el nivel donde se forja el significado. El signifcado diálogico tiene lugar en el nivel de partida. Más aún, la posibilidad de seleccionar no sólo aquellas partidas que mejor cumplen la tarea explicativa, sino también la posibilidad de seleccionar las normas para el desarrollo de tales partidas, es de hecho una de las virtudes más salientes del Marco Dialógico.

En efecto, el surgimiento de conceptos, afirmamos, no resulta sólo de juegos de dar y pedir razones (juegos que involucran preguntas- de por qué): son también juegos que apuntan a mostrar cómo es que la razón invocada cumple una tarea explicativa respecto a cómo es que la conclusión ha sido obtenida. Más aún, en tales juegos dialógicos, el por qué y el cómo resultan de un proceso mutuo y alterno de actualizaciones y esquematizaciones.

Esta característica del constructivismo dialógico tiene sus raíces en Herder (1960), para quién el proceso cultural es un proceso de educación, en el que enseñar y aprender siempre ocurren juntos. En este sentido, como señala Lorenz (2010), la situación dialógica de enseñanza-aprendizaje es donde interactúan la competencia (la perspectiva del yo) y la cooperación (la perspectiva del tú).

Las ideas de Paul Lorenzen y Kuno Lorenz sobre la lógica dialógica como restablecimiento de los vínculos históricos entre, la ética y la lógica proporcionan una respuesta clara al escepticismo de Wilfried Hodges respecto a la contribución del marco dialógico – véase Hodges y Väänänen (2019). Sin embargo, la crítica de Hodges parece apuntar al interés matemático de una concepción dialógica de la lógica, más que a un interés filosófico, que después de todo no atrae mucho de su interés. Los profundos vínculos entre la lógica dialógica, la teoría de tipos constructivos y los fundamentos constructivos de las matemáticas acaso constituyan una respuesta sufficiente a las preguntas de Hodges sobre el interés matemático o lógico del marco dialógico. De todasformas, en lugar de desarrollar una respuesta más extensa y en lugar de hacer un comentario general sobre la contribución filosófica del Marco Dialógico a los fundamentos de la lógica y las matemáticas – véaseLion (2023) –, resaltemos tres puntos que resultan de las observaciones anteriores:

1. El enfoque dialógico ofrece un cuadro robusto y sólido para el desarrollo de fundamentos de la lógica basados en la inferencia.
2. La interacción de nociones epistémicas y deónticas arraigadas en explicaciones de significados dialógicos locales establece nuevas formas de implementar la interfaz pragmática/semántica en el seno del lenguaje, la lógica, y la epistemología.
3. La perspectiva dialógica es una característica irreductible del significado y el conocimiento,

La semántica formal al estilo Tarski es ciega al primer punto, malinterpreta la naturaleza de la interfaz involucrada en el segundo e ignora el tercero.

Por supuesto, esto representa una forma radical de dialogicismo que profesamos y promovemos. Sin embargo, la presente propuesta también puede verse como una invitación a la reflexión sobre la construcción y arquitectura de una racionalidad plural y dinámica en aras del entendimiento mutuo, y el saber compartido que constituyen la noción misma de ser humano.

Shahid Rahman
Université de Lille, Dépt. Philosophie. UMR-CNRS 8163: STL, France.
shahid.rahman@univ-lille.fr

Introducción

Dialógica
Un enfoque dinámico y antirrealista de la lógica[20]

La expresión dialógica refiere una línea de investigación cuyo origen puede hallarse en la antigüedad griega. En aquellos días la lógica era concebida como un estudio sistemático de cierto tipo de diálogos en los cuales dos partes (un Proponente y un Oponente), intercambiaban argumentos en torno a una tesis central. ¿Cómo podía entonces el Proponente justificar su tesis? La regla era simple: podía considerar justificado un enunciado elemental si, y sólo si, el oponente había concedido esta justificación previamente. Esta es la regla que explica por qué los diálogos son formales: el Proponente gana sin presuponer ninguna justificación para una afirmación particular. Así lo encontramos descrito, por ejemplo, en 472b-c del Gorgias de Platón:

> Yo, por mi parte, si no te presento como testigo de lo que yo digo a ti mismo, que eres uno solo, considero que no he llevado a cabo nada digno de tenerse en cuenta sobre el objeto de nuestra conversación. [...] As! pues, existe esta clase de prueba en la que creéis tú y otros muchos, pero hay también otra que es la mía. Comparemos, por tanto, una y otra y examinemos si difieren en algo. (Platón, *Gorgias*, 472b-c.)

Esta forma de interacción argumentativo se encuentra, *mutatis mutandis*, en la *Dialógica*: la tesis no es considerada como formalmente justificada sino a condición de que esa justificación sea producida en función de la significación de constantes lógicas y de las justificaciones elementales concedidas por el adversario (el Oponente).

En su forma actual, la lógica dialógica hace uso de los conceptos de teoría de juegos que le permiten proveer de una semántica a una amplia gama de sistemas lógicos. El primer artículo sobre dialógica fue escrito hace más de sesenta años por Paul Lorenzen. Desde la publicación de *Logik und Agon* (1958), se han desarrollado diferentes sistemas dialógicos y programas de

---

[20] Los textos que se citan a continuación son una traducción y adaptación realizadas a partir de Keiff (2007) y de Rahman & Keiff (2004), respectivamente.

investigación relacionados. Entre ellos el primero corresponde al enfoque constructivista de Paul Lorenzen y Kuno Lorenz. Ellos proponen el siguiente concepto de diálogo:

> ...para una entidad, ser una proposición significa que debe existir un juego dialógico asociado con esta entidad, i.e., la proposición A, de tal modo que una partida individual del juego, donde A ocupa la posición inicial, i.e., el diálogo D(A) sobre A, alcanza la posición final en la que gana o pierde luego de un número finito de jugadas de acuerdo con ciertas reglas definidas: el juego dialógico es definido como un juego suma cero, finito y abierto de dos personas (Lorenz, 2001)

Originalmente desarrollado en el contexto de la lógica y la matemática constructiva, ha probado ser además una propuesta fructífera para el estudio, la comparación y la combinación de lógicas de interés en todos los campos de relevancia filosófica.

Podemos esquematizar brevemente el concepto central diciendo que los diálogos son juegos donde lo que está en cuestión es una afirmación. El conjunto de afirmaciones está diseñado de tal modo que la afirmación inicial es válida si y solo si el jugador que defiende la afirmación posee una estrategia ganadora en el juego.

El enfoque dialógico proporciona semánticas para la lógica clásica y la lógica intuicionista. La aclaración progresiva de los conceptos realizada en los años setenta llevó a un desarrollo muy creativo en la década siguiente y que continúa hasta nuestros días. En los últimos años, Rahman y colaboradores han desarrollado ideas originales que han significado un gran aporte para el estudio de las lógicas no clásicas. (puede verse Lorenzen (1958), Lorenz (1961), Stegmüller (1964), Lorenzen & Lorenz (1978) y Felscher (1985)).

¿Por qué la dialógica?
Existe una actitud tan admitida como lamentable frente a la lógica, de querer admitirla, condescendientemente, como un conjunto le leyes inmutables desprovista de todo sentido crítico. Ello reposa sobre la hipótesis errónea de que los principios fundamentales de la lógica son (de una manera u otra) verdades incondicionalmente necesarias que no deben ser puestas en

cuestión, que las nociones de deducción y demostración no deben o no pueden ser sometidas a examen crítico desde un punto de vista filosófico.

O, a la inversa, es la lógica entera la que es considerada como estéril y arrojada fuera de toda ocupación propia de la filosofía. La enseñanza de la filosofía en los seminarios del mundo entero, ayuda a comprender esta esquizofrenia. Stephen Read (1994) describe con precisión esta situación en su libro *Thinking about logic*: el abordaje dogmático del aprendizaje de la lógica que no pocas veces viene acompañado de una mayúscula ignorancia del contexto histórico en el cual las teorías lógicas han aparecido, ofrece un contraste notable con el examen crítico, no solamente sistemático sino también histórico, el cual es normalmente recomendado y exigido en filosofía.

Esta condescendencia ciega frente a la lógica es, a nuestro entender, carente de sentido. Ciertamente las deducciones de la lógica son efectivamente las de alguien y en tanto se trata de una operación que realiza un sujeto que actúa y cuyas preocupaciones teóricas son variadas, ella obedece a principios que varían ellos también y que pueden ser algunas veces de un uso tan restringido como las más contingentes de las afirmaciones empíricas. La posibilidad de formular explícitamente mecanismos racionales de una tal "localidad", garantiza la riqueza del estudio lógico del razonamiento.

Como causa de este defecto en la enseñanza de la lógica en filosofía encontramos muy seguido cierta concepción realista más o menos ingenua, más conjetural, incuestionada e implícita que declarada y problematizada y que la podemos resumir en pocas palabras: según esta filosofía de la lógica podríamos siempre reconocer la verdad o falsedad de una proposición cualquiera y este valor de verdad podría ser determinado de ahora y para siempre con independencia del sujeto que conoce. Este modo de caracterizar la verdad lógica, difícilmente compatible con el ejercicio del sentido crítico, está ligado a una concepción propedéutica de la misma como *organon* tan universal como estable, objeto de un aprendizaje puramente técnico y previo al ejercicio verdadero del cuestionamiento filosófico.

En su obra tardía, Ludwig Wittgenstein (1953) ha utilizado sin interrupción, argumentos en contra de las hipótesis del realismo y su cohorte de "cosas", "valores de verdad" y "signos", y contra la existencia de las relaciones que enlazarían esas entidades independientemente del sujeto que toma conocimiento de ellas. En suma, contra el *platonismo lógico* que ve en la lógica una estructura real autónoma y que el hombre no hace más que descubrir. Esta filosofía de Wittgenstein, donde la noción de contexto juega un rol esencial para comprender los usos del lenguaje (y por tanto de la lógica), es conocida en nuestros días como "teoría de los juegos de lenguaje" o bajo el nombre más general de "abordaje pragmático".

La cuestión se dirige en suma a saber cómo concebir una lógica que quisiera asumir un abordaje pragmático y que no retrocediera ante los cuestionamientos críticos. Una primera respuesta es fruto de las consideraciones siguientes: la lógica formal no es algo que se descubre y que determina la estructura subyacente de todo lenguaje. *Uno no descubre la lógica formal, uno la inventa*: ella es una normalización que introducimos para dar respuesta a fines precisos y que corresponden, en consecuencia, a una práctica determinada. Si resulta que ella no es adecuada para esta práctica, debe ser modificada. Si una lógica no responde a sus fines, ella es simplemente inutilizable. La lógica formal es considerada, desde el punto de vista pragmático, como un instrumento creado por los hombres y por necesidades humanas y, concretamente, para construir argumentaciones o para controlarlas.

La interpretación dialógica de la lógica sugerida por Paul Lorenzen y desarrollada por Kuno Lorenz, es la primer reconcepción fundamental de la lógica que responde al desafío del abordaje pragmático. Una parte esencial del trabajo de Shahid Rahman y sus colaboradores ha consistido en desarrollar nuevos sistemas a partir de este abordaje y a evaluar su significado filosófico.[21]

El contexto

Desde la época de la Grecia antigua y luego de la influencia decisiva de los sofistas, de Platón y de Aristóteles, la argumentación ha ganado un lugar en nuestra comprensión de la ciencia y no lo ha perdido más. Generalizando podemos decir que, más allá de la tradición occidental, los argumentos han jugado y juegan todavía un rol importante en el proceso de adquisición del conocimiento tanto en las ciencias como así también en nuestra vida cotidiana. La noción de argumentación parece estar estrechamente ligada a nuestro concepto de razonamiento. En efecto, uno puede ver la historia de las ciencias como un desarrollo de las diferentes técnicas de argumentación o de razonamiento que tiene por objeto la búsqueda del saber.

---

[21] Para ampliar la información sobre la obra del pensador argentino, dirigirse a http://stl.recherche.univ-lille3.fr/sitespersonnels/rahman/accueilrahman.html

El estudio mismo de estas técnicas de argumentación es, por su forma, interdisciplinario. Los diferentes regímenes de argumentaciones tienen valor para diferentes contextos. Ahora bien, la lógica se ocupa justamente de un género de argumentos: las *inferencias*. El interés del estudio lógico de las inferencias radica en analizar la relación de los elementos que las componen. Más precisamente, se trata de elucidar qué conclusiones pueden ser legítimamente obtenidas a partir de qué conjunto de premisas; una empresa tal comparte la dimensión intrínsecamente interdisciplinaria de la teoría general de la argumentación.

Luego de los desarrollos formales (matemáticos) de la lógica debidos a la influencia de los trabajos de Boole, Frege, Peano, Russell, Hilbert, Gödel y Tarski, la lógica se ha convertido también en objeto de estudio de ciencias como la matemática, la informática y la lingüística. Pero es en filosofía que la lógica ocupa su lugar de elección. La filosofía, en efecto, no era indiferente a la emergencia de la nueva ciencia. Los filósofos vislumbraron muy temprano las consecuencias profundas del advenimiento de la lógica moderna sobre las matemáticas, la epistemología y sobre la misma filosofía. Es importante señalar que apenas comenzamos a reconocer que el nacimiento de las dos corrientes mayores de la filosofía contemporánea (fenomenología y filosofía analítica) es el fruto de la reflexión de los filósofos y las filósofas de la época sobre los problemas relativos a los fundamentos de la lógica y de las matemáticas. La fenomenología, corriente que se desarrolló en el continente y de la cual Husserl es su fundador, ha eliminado el psicologicismo de la filosofía al igual que Frege. La filosofía de Frege, Russell y luego Wittgenstein se ha focalizado mayormente sobre el análisis de la relación entre el ente y el lenguaje, sentido y referencia.

Manteniendo un contacto dinámico con la lógica moderna, la filosofía analítica ha tenido un desarrollo constante (y relativamente desatendido) que ha terminado por dar un nuevo impulso a la filosofía contemporánea. Este contacto fructífero ha permitido renovar el modo con el cual abordamos ciertos interrogantes filosóficos. El lector (continental) quizás esté sorprendido al leer que la lógica moderna se encuentra en el origen del descubrimiento de nuevos horizontes en los que el interés es ante todo filosófico. ¿En qué cuestiones la lógica moderna interpela a la filosofía? ¿De qué modo puede la lógica ser materia de reflexión? Bueno, pues, responderemos indirectamente a estos interrogantes presentando un esquema problemático típico de la filosofía de la lógica: Como ya lo mencionamos, las inferencias son un compuesto de premisas y conclusiones y ellas están compuestas, a su vez, de proposiciones. Pero ¿qué es una proposición? ¿Se trata de una entidad lingüística o de una construcción mental? ¿O se trata, quizás, de un objeto intemporal que existe independientemente del mundo y del sujeto que lo alcanza? ¿Son ellas verdaderas porque tenemos una prueba? (Pero, entonces, ¿qué es una prueba?), o es, al contrario, esto es, que tenemos una prueba porque ellas son verdaderas? (y en este último caso, ¿qué significa la verdad en tanto que uno aplica esta noción a una proposición?)

¿Y por qué habríamos de suponer que una proposición dada es verdadera o falsa si aún no sabemos cuál de los dos valores se le aplica? ¿Deberíamos excluir de nuestro mundo del discurso lógico las proposiciones que refieren objetos ficticios? Las proposiciones que refieren objetos ficticios, si uno afirma su no-existencia, ¿son ellas falsas o sin sentido? A fin de evitar conclusiones fastidiosas, ¿no podremos introducir diferentes niveles ontológicos? ¿qué significa exactamente decir "hay un objeto ficticio del cual yo puedo predicar P"? Y, en general, si la existencia no es un predicado, ¿qué es? Si k es el nombre de un objeto ficticio, ¿ese nombre tiene una función distinta de la de designar el objeto?

¿Hay una lógica o hay muchas? ¿Es suficiente una lógica universal para comprender el razonamiento en las diferentes ciencias? ¿No deberíamos buscar diferentes lógicas para diferentes formas de razonamiento? ¿qué significa entonces el hecho de tener lógicas diferentes? ¿Hay diferentes conectores lógicos o diferentes maneras de definir la noción de inferencia? ¿y cuál es, entonces, la significación de un conector lógico si uno cambia la noción de inferencia? En general, ¿qué es la significación en lógica?

Remarcamos que las respuestas que podamos dar a estos cuestionamientos contribuyen a formar una respuesta general a la pregunta ¿qué significa obtener "legítimamente" una conclusión a partir de premisas?

De hecho, uno se puede preguntar si al intentar determinar la noción de legitimidad de una conclusión, uno debe especialmente considerar la relación entre las proposiciones o si, mejor aún, uno debe interesarse por la relación entre el sujeto epistémico y la proposición (esto es, el juicio). Los filósofos que quieren destacar la diferencia entre los dos tipos de relación utilizan en el primer caso la noción de *consecuencia lógica* y sólo en el segundo hablan de *inferencia*.

En los orígenes de la tradición analítica, la lógica era considerada como el instrumento principal de la reflexión filosófica y operaba el enlace con el dominio fascinante del estudio del lenguaje, que domina actualmente la lingüística y la filosofía del lenguaje. Esto, por lo demás, está marcado de modo decisivo por los trabajos de Wittgenstein. Este mismo vínculo se encuentra en el corazón propio de los últimos desarrollos de la inteligencia artificial, especialmente en el caso de los sistemas expertos utilizados en el estudio de los razonamientos jurídicos y en el desarrollo de programas de traducción automática. La inteligencia artificial, la lógica y el lenguaje permitirán algún día considerar también ciertas cuestiones filosóficas tradicionales como, por ejemplo, la relación entre el cuerpo y el alma.

De hecho, en los inicios de la filosofía analítica, la idea admitida en general era que el estudio del pensamiento no era posible sino a través del análisis del lenguaje. Y el análisis del lenguaje es una tarea que no puede ser realizada sino teniendo como recurso la lógica. En el seno de los desarrollos actuales se ha podido defender el recurso exclusivo a la lógica formal.

Este género de tesis determina también, bien entendidas, el rol del lógico y la lógica en materia de filosofía de las ciencias. Tres tipos de operaciones se destacan como propias de sus competencias:

1. La formalización de las inferencias típicas de una ciencia dada o de un contexto dado de adquisición de un conocimiento.
2. El desarrollo de procedimientos técnicos que reflejen la aplicación de la formalización considerada.
3. La reflexión sobre las propiedades formales y conceptuales de la formalización realizada.

El desafío

Desde un punto de vista general, la filosofía es dominada en nuestros días por dos escuelas principales de filosofía: la filosofía "continental" y la filosofía "analítica". Luego de haber sido consideradas por largo tiempo como filosofías rivales, se ha hecho evidente recientemente que en la mayoría de las tesis defendidas estas dos son más bien complementarias que mutuamente excluyentes. Por ello, es posible el acercamiento entre las diferentes posiciones adoptadas. Quizás ha llegado el momento de emprender la realización de la síntesis de los resultados obtenidos por las dos tradiciones. Y esto es particularmente verdadero para la rama de la lógica y de las ciencias de la filosofía analítica y de la historia "continental" de las ciencias.

El objetivo del presente libro

En este libro ponemos al alcance del lector y la lectora no espcializada los lineamientos generales para jugar diálogos. El foco de las explicaciones está puesto en que el lector y la lectora aprendan a resolver diálogos como quien aprende al jugar ajedrez. En efecto, por una parte, aprenden el significado de las piezas: cómo mueve cada una (en nuestro caso: las partículas o conectivas lógicas); y por otra parte aprenden las reglas del juego (en nustro caso: las reglas que determinan qué tipo de lógica se está jugando).

Iniciamos con la versión dialógica de la lógica proposicional y luego seguiremos con primero orden para terminar con lógica modal.

LÓGICA PROPOSICIONAL DIALÓGICA

§1. Lenguaje para lógica proposicional

Un vocabulario **L** para lógica proposicional consiste en un conjunto de letras (p, q, r, ...) para las oraciones más simples de este lenguaje formal, y que pueden constituir oraciones más complejas por medio del uso de los conectores: negación "¬"; conjunción "∧"; disyunción "∨"; condicional "→"; paréntesis ")" y "(".

Las fórmulas (afirmaciones) bien formadas (fbf) de la lógica proposicional son expresiones definidas inductivamente como sigue:

1. Cada letra proposicional es, por sí misma, una fbf.
2. Si φ es un fbf, entonces $\neg\varphi$ es un fbf.
3. Si φ y θ son fbfs, y "&" es una conectiva binaria, entonces "φ & θ" es una fbf. Aquí "&" podría ser "∨", "∧" o "→".
4. Sólo lo que puede ser generado por las cláusulas (1) a (3) en un número finito de pasos es una fbf.

§ 2. Lenguaje para lógica proposicional dialógica

Definimos el lenguaje de la lógica proposicional dialógica (L_D) como el resultado de enriquecer el lenguaje de la lógica proposicional (L) con los símbolos metalógicos siguientes:

    i. dos símbolos de acción: **?** y **!**
    ii. los símbolos 1, 2
    iii. dos etiquetas, O y P (los jugadores Oponente y Proponente, respectivamente).

§ 3. Reglas de partículas y estructurales

Los diálogos se desarrollan utilizando dos tipos de reglas. Por un lado, las reglas de partículas que describen de forma abstracta el modo en que una afirmación puede ser atacada y defendida en función de su conectiva principal. Reglas estructurales, por el contrario, que especifican la organización general del juego. Veamos ahora más en detalle cómo funcionan las reglas en los juegos dialógicos.

¿Qué es una regla de partículas?

Una regla de partículas describe la forma en que una afirmación de puede ser objetada (con un ataque o desafío) en función de su conectiva principal, y cómo responder a la objeción. Por definición, una forma argumentativa es una tupla que consiste en (1) una afirmación, (2) un conjunto de ataques, (3) un conjunto de defensas, y (4) una relación que especifica para cada ataque su correspondiente defensa. Las formas argumentativas son abstractas en el sentido de que, en su definición, no se hace ninguna referencia al contexto de la argumentación en la que se aplica la regla. Las reglas de partículas constituyen así la semántica local de una lógica, puesto que determinan el significado dialógico de cada constante lógica, pero no dicen nada sobre la forma en que este significado se puede relacionar con cualquier otra cosa.

Podemos entender estas reglas suponiendo que uno de los jugadores (X o Y) realiza una afirmación que tiene que defender de los ataques del otro jugador (Y o X, respectivamente). Esta afirmación es o bien una conjunción o una disyunción o una condicional o una negación o una expresión cuantificada (en lógica de primer orden).

Antes de presentar las reglas de partículas en § 7, proporcionaremos algunas nociones para alcanzar la meta:

§4. Expresiones dialógicas

Para presentar las reglas se utilizarán las siguientes expresiones tripartitas o *expresiones dialógicas* (Γ y Λ):

expresiones dialógicas Γ	*expresiones dialógicas* Λ
X-!-Ψ y Y-!-Ψ,	X-?-Ж y Y-?-Ж
X y Y son los jugadores anónimos y asumimos que X≠Y	

§5. Afirmaciones y objetivo de una pregunta

En las expresiones Γ: Ψ es una "afirmación" y el símbolo "!" indica que esta afirmación debe ser defendida.

En las expresiones Λ: "?" indica que la expresión es una "pregunta" y Ж es el objetivo de la pregunta.

¿Cuáles son los objetivos de una pregunta? Respuesta: las conectivas, es decir, conjunciones, disyunciones, negaciones y condicionales.

§6. Ataques y defensas

Un diálogo, después de jugada la tesis (una afirmación), consiste en ataques y defensas. Los ataques se realizan mediante afirmaciones o preguntas. Las defensas se realizan sólo con afirmaciones.

La acción de atacar o defender con afirmaciones
se expresará como *afirmar*.

Afirmación y Compromiso

Al *afirmar* un jugador X se compromete con el retador Y a defender la afirmación contra todos los ataques permitidos a Y.

Para cada partícula hay un compromiso especial. Es decir, hay un compromiso particular dependiendo de la afirmación (una *conjunción*, una *disyunción*, una *condicional* o una *negación* o una afirmación atómica).

Todos los diálogos se despliegan a partir de un primer compromiso: la afirmación de la *tesis* por parte de un jugador que pasa a llamarse el Proponente. Este primer compromiso es seguido por otros en función de las reglas del juego.

Nota: una pregunta es siempre un ataque, pero no viceversa. Un ataque podría ser realizado por medio de una pregunta o una afirmación. Una defensa corresponde siempre a una afirmación (no se defiende con preguntas pero se puede contra-atacar con ellas).

X-!-Ψ		
X	**!**	**Ψ**
Jugador X	La afirmación **Ψ** debe ser defendida	**Ψ** es una afirmación.
O or **P**	En general, todas las expresiones tripartitas en las que aparece el símbolo "!" corresponden a afirmaciones que hay que defender.	Ejemplos de afirmaciones: ¬A, A∨B, A→B, etc.

Donde A y B son atómicas o complejas. |

X-?-Ж		
X	**?**	**Ж**
Jugador X	Una pregunta	El objetivo de la pregunta
O o **P**		Si **Ж** = ∧₁, entonces X-?-∧₁
Si **Ж** = ∨, entonces X-?-∨
Lo mismo para las otras

Para lógica de primer orden:

Si **Ж** =∀x/c, entonces (X-?-∀x/c)
Si **Ж** =∃x, entonces (X-?-∃x) |

Similarmente para **Y-?- Ж** y **Y-!- Ж**.

Las jugadas de X e Y se realizan alternativamente. Así, después del ataque o la defensa de X, viene la defensa o el ataque respectivo de Y, y así sucesivamente (como en un juego de ajedrez).

En lo que sigue, explicaremos cómo atacar y cómo defender una afirmación (semántica local), en función de su conectiva principal (¬, ∨, →, ∧). Esto anticipa que las afirmaciones atómicas no se atacan.

§7. Reglas de partículas

7.1 Regla para la conjunction

En la conjunción A∧B llamaremos a "A" como el *primer miembro* y a "B" como el *segundo miembro* de la conjunción
Nota: a partir de ahora debe prestarse atención especialmente a la noción de *elección*.

∧		
Afirmación	Ataque	Defensa
C_1	C_2	C_3
A∧B	Una pregunta: ?	A o B Una afirmación que debe ser defendida: "!"
expresiones dialógicas:		
X-!-A∧B	Y-?-∧$_1$ Y-?-∧$_2$ ∧$_1$: lado izquierdo de la conjunción ∧$_2$: lado derecho de la conjunción **Y** tiene la elección	X-!-A X-!-B

Aclaraciones

X afirma la conjunción A∧B y debe ser defendida (!). Puntualmente, el jugador X, se compromete a poder afirmar *cada miembro de la afirmación por separado* si el retador lo requiere. ¿Cómo se ataca esta afirmación? Puesto que X se compromete a esto último, el oponente Y tiene el derecho de elegir cuál de los dos miembros debe afirmar el jugador X. es decir, hay dos posibilidades no excluyentes si se realizan de modo subsecuente: Y elige y solicita (?) el primer miembro de la conjunción: (**Y-?-∧$_1$**); o bien el segundo: (**Y-?-∧$_2$**).

La defensa consiste en afirmar -cuando sea posible- el primer miembro (X-!-A) o el segundo miembro (X-!-B), respectivamente. Después de la última jugada, el jugador X -si corresponde- debe defender A y B por separado.

7.2 Regla para la disyunción

En la disyunción A∨B llamaremos a "A" como el *primer miembro* y a "B" como el *segundo miembro* de la disyunción

∨		
Afirmación	Ataque	Defensa
D₁	**D₂**	**D₃**
A∨B	Una pregunta: ?	A o B Una afirmación que debe ser defendida: "!"
expresiones dialógicas:		
X-!-A∨B	**Y**-?-∨ **X** tiene la elección	**X**-!-A or **X**-!-B
Aclaraciones		
X afirma la disyunción A∨B y debe ser defendida (!). Puntualmente, el jugador X, se compromete a poder afirmar *al menos uno de los miembros* de la disyunción si el retador lo requiere. ¿Cómo se ataca esta afirmación? Puesto que X se compromete a esto último, el oponente Y le solicita que afirme uno de los dos (Y-?-∨). Y tiene la elección, es decir, Y puede decidir cuál de los dos afirmar, si A o B. La defensa consiste en afirmar -cuando sea posible- el primer miembro (X-!-A) o el segundo miembro (X-!-B), respectivamente. Después de la última jugada, el jugador X -si corresponde- debe defender la afirmación.		

Nota: el rasgo más distintivo de las dos anteriores es que en la conjunción es el atacante quien elige, mientras que en la disyunción es el defensor, es decir, quine la afirmó. Algo similar ocurre más adelante con la diferencia entre el cuantificador existencial y el universal.

7.3 Regla para la condicional

En la condicional A→B llamaremos a "A" como el *primer miembro* y a "B" como el *segundo miembro* de la condicional

$\rightarrow$		
Afirmación	Ataque	Defensa
I_1	I_2	I_3
$A \rightarrow B$	A Una afirmación	B Una afirmación que debe ser defendida : "!"
expresiones dialógicas:		
X-!-A→B	**Y-!-A**	**X-!-B**
Aclaraciones: ***"Hic Rodhus, hic salta"***		

X afirma la condicional A→B y debe ser defendida (!). Puntualmente, el jugador X se compromete a afirmar B si el Oponente le concede A. ¿Cómo atacar esta afirmación condicional? El Oponente Y concede el primer miembro afirmando A (Y-!-A). La defensa de X consiste en afirmar B (X -! - B). Después de la última jugada, el jugador X debe defender a B, si es el caso.

Nota: existe otra posibilidad de responder al reto de Y pero se desarrollará más adelante.

7.4 Regla para la negación

$\neg$		
Afirmación	Ataque	Defensa
N_1	N_2	--
$\neg A$	A Una afirmación	No hay defensa
expresiones dialógicas:		
X-!- ¬A	**Y-!-A**	-----------

Aclaraciones:

X afirma ¬A y debe ser defendida (!) ¿Cómo atacar esta afirmación? Afirmando lo contrario, es decir, "A": (Y -! - A). No hay defensa para este ataque, es decir, el intercambio finaliza aquí. Después de la última jugada, el jugador X debe defender A, si es el caso.

Sumario 1

		Afirmación	Ataque	Defensa
i	∧	X-!-A∧B	Y-?-∧₁ Y-?-∧₂ Y tiene la elección	X-!-A X-!-B
ii	∨	X-!-A∨B	Y-?-∨	X-!-A or X-!-B X tiene la elección
iii	→	X-!-A→B	Y-!-A	X-!-B
iv	¬	X-!-¬A	Y-!-A	No hay defensa

Algunas distinciones y conclusiones explícitas en este cuadro:
En este punto es importante tener presente la distinción entre *afirmación, pregunta, ataque y defensa*

Para ello utilizaremos diferentes verbos:
afirmar, atacar, responder y defender

Atacar y *responder* son las acciones que un jugador realiza contra las afirmaciones del otro jugador (ver columna "Ataque" en el Sumario 1).

Defender significa siempre afirmar una afirmación (ver columna "Defensas" en el Sumario 1).

Atacar difiere de *responder* en que este último es la acción realizada después de un ataque que no se pueda defender o que conviene dejar sin defender por cuestiones estratégicas. Concretamente, responder es realizar un contra-ataque. (Este contra-ataque puede realizarse con una pregunta o una afirmación, dependiendo del caso. Ver como ejemplo "regla de partículas para condicionales")

¡Nunca atacamos una pregunta! Pero podemos atacar con preguntas. Los ataques son sólo sobre afirmaciones. Es decir, podemos atacar una afirmación ya sea pronunciando una afirmación o realizando una pregunta. Defendemos una afirmación de un ataque sólo con afirmaciones.

Sumario 2

	Afirmación	Pregunta
atacar	×	×
responder	×	×
defender	×	

atacar= responder

defender=afirmar una Afirmación

Es importante notar que una expresión del tipo X-!-A (A=Afirmación), sin ninguna otra indicación, podría ser un ataque, una defensa, o incluso una respuesta. Esa es la razón por la cual necesitamos información adicional para ser más específicos a fin de explicar un diálogo en su desarrollo. Por lo tanto, introducimos en la siguiente sección el *rol de un jugador*.

Definición 1: *Jugada*→ Una afirmación o una pregunta realizada por un jugador.

Observación: Los jugadores hacen sus jugadas alternativamente. (Después de que X juega, es el turno de Y, etc.) Cada jugada está numerada. La tesis tiene el número 0 y así sucesivamente.

Definición 2: *Juego* → conjunto de jugadas.

Definición 3: *ronda* → ataque+defensa.

Definición 4: *partida*→ Conjunto de juegos en un diálogo terminado que comienza con la tesis. Cada partida es un juego, pero no lo contrario. El número de partidas es n + 1, donde n = número de ramas (De hecho, la ramificación puede ser vista como una noción que corresponde al nivel de las estrategias en lugar del nivel de las jugadas.

7.5 Reglas y Jugadores Anónimos

Hasta ahora todas las reglas se han descrito para jugadores cualesquiera o *anónimos* X o Y. Como si describiéramos las reglas para ejecutar un penal en el fútbol: debemos tener dos jugadores X e Y, si X patea, Y es el arquero, o viceversa, pero sin decir cuál pertenece a cuál equipo.

De ahora en más especificaremos el rol de los jugadores. Para ello tendremos en cuenta quién afirma la tesis y lo llamaremos *Proponente*. El otro jugador se llamará *Oponente*. Ambos, sin embargo, intercambiarán constantemente sus roles de atacantes y defensores. **Ataques y defensas constituyen la trama de todos los diálogos.** La secuencia de ataques y defensas no puede ir más allá de las afirmaciones atómicas.

§8. Diálogos en acción
Elecciones y Ramificaciones

Los diálogos se desarrollan en un tablero con dos columnas principales, una para cada jugador. Cada jugada tiene un número que se indicará a la izquierda y a la derecha de cada columna, respectivamente.

	O			P	
				Tesis	0
1					2
3					4
5					...

En general, después de pronunciar la tesis, el Proponente (**P**) debe ser capaz de resistir todos los posibles ataques permitidos (por las reglas de partículas) al Oponente (**O**). Uno de los dispositivos más importantes en el contexto de la definición de una estrategia ganadora para **P**, es la *ramificación* que garantiza que se han considerado todas las posibles respuestas al oponente. De hecho, la ramificación permite visualizar todas las jugadas paralelas que cubren todas las posibilidades.

Jugadores, elecciones y ramificaciones.

La ramificación es el resultado de las elecciones de los jugadores en un diálogo. Hasta ahora, no hemos hecho ninguna diferencia entre X e Y en relación con las opciones y el papel de proponente u oponente en un diálogo. Pero a partir de ahora será de gran importancia saber si las elecciones correspondientes a las partículas ($\neg$, $\vee$, $\rightarrow$, $\wedge$) pertenecen a **O** o a **P**.

Así, además de las reglas de partículas, consideraremos la ramificación según la siguiente definición:

Definición 5: Ramificación

1. Sólo el oponente (**O**) realiza ramificaciones en un diálogo.

2. El oponente realiza ramificaciones en los siguientes casos:

    i.   defiende una disyunción (ver ramificación para D_3),

    ii. ataca una conjunción (ver ramificación para C_2),

    iii. defiende una condicional (ver ramificación para I_3).

La ramificación es una regla estructural y se volverá a presentar más adelante.

Veamos a continuación algunos ejemplos de diálogos genéricos en los que la diferencia entre **O** y **P** está en juego:

Ilustración para la negación

Presentamos dos casos: para X=**P** y para X=**O**

(A) X=P

	O				P	
					$\neg A$	N_1
N_2	A					

Jugadas:

$N_1 = <\mathbf{P}\text{-}!\text{-}\neg A>$

$N_2 = <\mathbf{O}\text{-}!\text{-}A>$

(B) X=O

	O				P	
N_1	$\neg A$					
					A	N_2

Jugadas:

$N_1 = <\mathbf{O}\text{-}!\text{-}\neg A>$

$N_2 = <\mathbf{P}\text{-}!\text{-}A>$

Ilustración para la conjunción

(A) Si X=**P** tendremos **ramifiación** en C_2 (Definition 6, 2.ii)

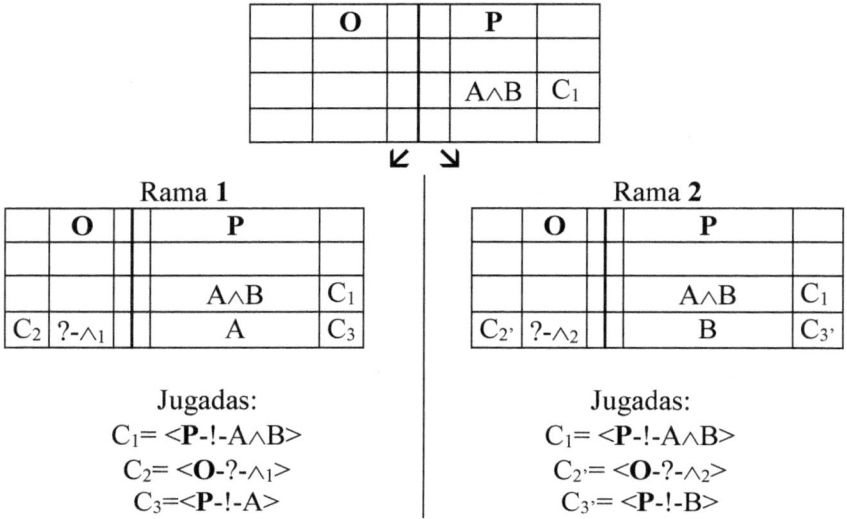

O		P	
		$A \wedge B$	C_1

↙ ↘

Rama 1

	O		P	
			$A \wedge B$	C_1
C_2	$?-\wedge_1$		A	C_3

Rama 2

	O		P	
			$A \wedge B$	C_1
$C_{2'}$	$?-\wedge_2$		B	$C_{3'}$

Jugadas:
$C_1= $<**P**-!-$A \wedge B$>
$C_2= $<**O**-?-$\wedge_1$>
$C_3=$<**P**-!-A>

Jugadas:
$C_1= $<**P**-!-$A \wedge B$>
$C_{2'}= $<**O**-?-$\wedge_2$>
$C_{3'}= $<**P**-!-B>

En ambas ramificaciones se debe seguir jugando

— * —

(B) X=**O** (sin ramificación, dos opciones, **P** decide)

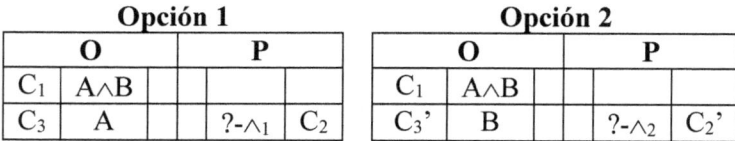

Opción 1

	O		P	
C_1	$A \wedge B$			
C_3	A		$?-\wedge_1$	C_2

Opción 2

	O		P	
C_1	$A \wedge B$			
$C_{3'}$	B		$?-\wedge_2$	$C_{2'}$

Detalles

Opción 1	$C_1=$<**O**-!-$A \wedge B$> $C_2=$<**P**-?-$\wedge_1$> $C_3=$< *D*, **O**-!-A>
Opción 2	$C_1=$<**O**-!-$A \wedge B$> $C_{2'}=$<**P**-?-$\wedge_2$> $C_{3'}=$<**O**-!-B>

El proponente puede elegir cualquiera de las dos opciones o ambas, dependiendo de la estrategia que juegue. Por el momento, una estrategia es la forma en que un jugador decide cómo realizar los ataques (preguntas o formulación de enunciados) y las defensas (formulación de enunciados) para lograr el objetivo: ganar el diálogo.

Ilustración para la disyunción

(A) X=**P** (sin ramificación, dos opciones, **P** decide)

Opción 1					Opción 2				

<table>
<tr><th colspan="3">O</th><th colspan="2">P</th><th></th><th colspan="3">O</th><th colspan="2">P</th></tr>
<tr><td></td><td></td><td></td><td>A∨B</td><td>D$_1$</td><td></td><td></td><td></td><td></td><td>A∨B</td><td>D$_1$</td></tr>
<tr><td>D$_2$</td><td>?-∨</td><td></td><td>A</td><td>D$_3$</td><td></td><td>D$_2$</td><td>?-∨</td><td></td><td>B</td><td>D$_{3'}$</td></tr>
</table>

Detalles

Opción 1	D$_1$=<**P**-!-A∨B> D$_2$=<**O**-?-∨> D$_3$=<**P**-!-A>
Opción 2	D$_1$=<**P**-!-A∨B> D$_2$=<**O**-?-∨> D$_{3'}$=<**P**-!-B>

El proponente puede elegir cualquiera de las dos opciones o ambas, dependiendo de la estrategia que juegue.

— * —

(B) Si X=**O** **ramificación** en D$_3$ (Definición 6, 2.i)

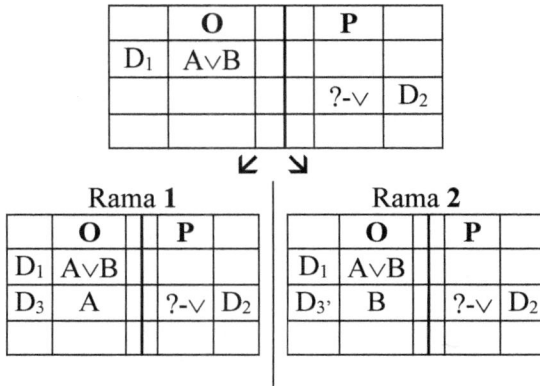

<table>
<tr><td></td><td colspan="2">O</td><td></td><td colspan="2">P</td></tr>
<tr><td>D$_1$</td><td>A∨B</td><td></td><td></td><td></td><td></td></tr>
<tr><td></td><td></td><td></td><td></td><td>?-∨</td><td>D$_2$</td></tr>
<tr><td></td><td></td><td></td><td></td><td></td><td></td></tr>
</table>

↙   ↘

Rama **1**						Rama **2**					

<table>
<tr><td></td><td>O</td><td></td><td>P</td><td></td><td></td><td>O</td><td></td><td>P</td><td></td></tr>
<tr><td>D$_1$</td><td>A∨B</td><td></td><td></td><td></td><td>D$_1$</td><td>A∨B</td><td></td><td></td><td></td></tr>
<tr><td>D$_3$</td><td>A</td><td></td><td>?-∨</td><td>D$_2$</td><td>D$_{3'}$</td><td>B</td><td></td><td>?-∨</td><td>D$_2$</td></tr>
<tr><td></td><td></td><td></td><td></td><td></td><td></td><td></td><td></td><td></td><td></td></tr>
</table>

Jugadas:	Jugadas:
D_1=<**O**-!-A∨B>	D_1=<**O**-!-A∨B>
D_2=<**P**-?-∨>	D_2=<**P**-?-∨>
D_3=<**O**-!-A>	$D_{3'}$=<**O**-!-B>

En ambas ramificaciones se debe seguir jugando

Ilustración para la condicional

(A) X=**P** (sin ramificación, dos opciones)

Opción 1

O			P	
			A→B	I_1
I_2	A		B	I_3

Opción 2

O			P	
			A→B	I_1
I_2	A			
			ataque a A	$I_{3'}$

Detalles

Opción 1	I_1=<**P**-!-A→B>
	I_2=<**O**-!-A>
	I_3=<**P**-!-B>
Opción 2	I_1=<**P**-!-A→B>
	I_2=<**O**-!-A>
	$I_{3'}$=<ataco A>

El proponente puede elegir una de las dos opciones o ambas, en función de la estrategia jugada. La opción 2 es convenietne como estrategia principalmente cuando A es una afirmación compleja (disyunción, conjunción, negación o condicional), o si en el diálogo hay otras afirmaciones complejas que atacar. En aras de la simplicidad, llamaremos "ataques a A" a los ataques D_2, C_2, N_2 o I_2, dependiendo de la conectiva principal de la afirmación compleja.

Importante: las jugadas del tipo $I_{3'}$ son siempre equivalentes a una de las siguientes: C_2, D_2, I_2 o N_2 dependiendo de la conectiva principal de la afirmación compleja atacada.

— * —

(B) X=**O** (ramificación en I₃ Definición 5, 2.iii)

	O			P	
I₁	A→B				
				A	I₂

↙ ↘

Rama **1**						Rama **2**				
	O		P				O		P	
I₁	A→B					I₁	A→B			
I₃	B		A	I₂					A	I₂
						I₃'	ataque a A			

Jugadas:	Jugadas:
I₁=<**O**-!-A→B>	I₁=<**O**-!-A→B>
I₂=<**P**-!-A>	I₂=<**P**-!-A>
I₃=<**O**-!-B>	I₃'=< ataque a A>

En ambas ramificaciones se debe seguir jugando

El ataque 2 es un caso especial de respuesta a un ataque atacando y se dirige hacia A (Ataque A).

El condicional y las dos opciones del Oponente

Como señalamos más arriba, después del ataque a un condicional, el Oponente tiene dos opciones: (i) defenderse del ataque (rama 1) o (ii) responder al ataque (rama 2).

(i) defenderse de un ataque del tipo D_2, C_2, C_2' o I_2 significa realizar las siguientes jugadas: D_3, C_3, C_3' e I_3 (no I_3') respectivamente.

(ii) responder a un ataque significa que hay que prescindir temporalmente de (i) y reaccionar atacando la afirmación ya pronunciada por el otro jugador o atacando otras afirmaciones complejas presentes en el diálogo. La diferencia entre X=**P** y X=**O** es que en este último caso debemos desarrollar las dos opciones (ramificación).

Hay otros casos además del condicional en los que cualquiera de los jugadores puede responder a un ataque. De hecho, esta es una de las estrategias más realizadas cuando el jugador no puede defenderse inmediatamente. La estrategia consiste en buscar la afirmación necesaria a partir de las declaraciones del retador. Más detalles a continuación.

§9. Reglas estructurales (RE)

Las reglas estructurales establecen la organización general del diálogo. Lo que está en juego en un diálogo es decidir si hay una estrategia ganadora para la tesis o no. El objetivo de las reglas estructurales es proporcionar un método de decisión. El diálogo comienza con la tesis. La tesis es la primera afirmación del Proponente y debe ser defendida contra todos los posibles ataques permitidos al Oponente.

Proponente y estrategia ganadora

Si el Proponente consigue defender la tesis contra todos los ataques del oponente, decimos que existe una estrategia ganadora para la afirmación.

Las reglas estructurales se eligen de forma que el proponente logre defender su tesis contra todos los ataques del oponente si y sólo si existe una estrategia ganadora para la tesis. También veremos que diferentes tipos de diálogos pueden tener diferentes tipos de reglas estructurales.

Nótese que los diálogos se basan en el supuesto de que cada jugador sigue siempre la mejor estrategia posible.

Rango de repetición: *horror al infinito*

Para evitar que un/a jugador/a vuelva a repetir jugadas ya jugadas con el objeto, por ejemplo, de retrasar infinitamente una derrota, es obligatorio que los/as jugadores/as se pongan de acuerdo, antes de empezar, en el número de veces que está permitido realizar una repetición. De este modo nos aseguramos que las partidas sean *finitas*. El número mínimo idóneo es 1 para el Oponente y 2 para el Proponente. Cualquier número mayor lleva a los mismos resultados que 1 y 2, respectivamente.

Reglas estructurales para lógica clásica y lógica intuicionista

RE-0 (*Inicio*): Las expresiones de un diálogo están numeradas y son afirmadas alternativamente por **P** y **O**. La tesis lleva el número 0 y es afirmada por P. Todas las jugadas que siguen a la tesis obedecen a las reglas estructurales y de partículas. Llamaremos a $D(A)$ un diálogo D que comienza con la tesis A. Las jugadas pares (2, 4, ...) son jugadas hechas por **P**; Las jugadas impares (1, 3, ...) están hechas por **O**. Antes de empezar ambos/as jugadores/as acuerdan un rango de repetición.

RE-1$_{intuicionista}$ (Regla para lógica intuicionista)

Respetando el rango de repetición acordado para cada jugador, cuando es el turno de **X**, puede

  i.   atacar cualquier jugada pero
  ii. defenderse *solo del último ataque* aún no defendido de Y.

Si por ejemplo **X** posee varios ataques sin responder, solo puede defenderse del más reciente (ver *Cuadro Regla Intuicionista*). Un jugador puede posponer una defensa siempre y cuando haya ataques que puedan realizarse.

Nota: De acuerdo con esta regla, entonces, **no** se puede volver a defender un ataque ya defendido.

Ejemplo para **Y=O** y **X=P**

	O		P	
1	ataque 1		sin respuesta	
m	ataque 2		sin respuesta	
			Después de la jugada *m*, P sólo puede defenderse del ataque 2 (nunca del ataque 1).	

Cuadro Regla Intuicionista

RE-1$_{clásica}$: Regla para lógica clásica

Respetando el rango de repetición acordado para cada jugador, cuando es el turno de **X**, puede atacar cualquier jugada de **Y**, o defenderse también de cualquier ataque de **Y**, incluso de los ya defendidos.

Nota: De acuerdo con esta regla, entonces, **sí** se puede volver a defender un ataque ya defendido.

RE-2: Ramificación

Hay tres casos en los que un diálogo se ampliará de tal manera que generará dos (nuevos) juegos distintos (ver definición 6), llamados juegos dialógicos. Estos casos son cuando O defiende una disyunción, O ataca una conjunción, u O reacciona a un ataque contra una condicional.

Sumario 5

Jugadas que inician con:	Ramificación
$C_1 = <-, P-!-A\wedge B>$	$C_2=<CH, O-?-\wedge_1>$ and $C_{2'}=<CH, O-?-\wedge_2>$
$D_1=<-, O-!-A\vee B>, D_2=<CH, P-?-\vee>$	$D_3=<!, O-!-A>$ and $D_{3'}=<!, O-!-B>$
$I_1= <-, O-!-A\rightarrow B>$ $I_2=<?, P-!-A>$	$I_3=<!, O-!-B>$ and $I_{3'}= <CH, O-"ataco\ 2">$
"ataco 2" = los ataques D_2, C_2, N_2 o I_2	

Nota: en un diálogo con ramificaciones, tener una estrategia ganadora para la tesis significa que el Proponente gana todos los juegos dialógicos (cada rama).

RE-3: Regla formal o *socrática*
Las afirmaciones atómicas (afirmaciones sin conectores o partículas) pueden ser afirmadas por primera vez *sólo* por O. El proponente (P) puede afirmar una afirmación atómica *sólo si* la misma afirmación ya fue afirmada antes por O. Las afirmaciones atómicas no pueden ser atacadas.

RE-4: Regla para *finalizar* y *ganar* una partida

Diálogos terminados, abiertos y cerrados
- Un diálogo está *terminado* cuando las reglas no les permiten a los jugadores seguir jugando.
- Un diálogo está *cerrado* si y sólo si la misma afirmación atómica aparece en dos posiciones subsecuentes, una afirmada por **X** y la otra por **Y**. Caso contrario, el diálogo sigue *abierto* (es decir, no hay dos posiciones con la misma afirmación atómica).

Ejemplo de diálogo *cerrado*:

	O	P	
		Tesis	
l	...		
m	...	...	n
s	p	...	t
		p	u

p= afirmación atomica

¿Quién gana? Para cada caso tenemos un ganador diferente, pero como la tesis siempre la afirma **P**, los casos se reducen a dos. Lo explicamos a continuación:

Terminado y abierto: gana O

Ejemplo:

	O		P	
			Tesis	
l	...			
s	p		...	*t*

Terminado y cerrado: gana P

Ejemplo :

	O		P	
			Tesis	
l	...			
s	p		...	*t*
			p	*u*

Definición 6: Estrategia ganadora

La tesis A tiene una *estrategia dialógica ganadora* en el sentido clásico o intuicionista si y sólo si todos los juegos pertenecientes al diálogo respectivo están *terminados* y *cerrados*.

Lógicas Intuicionista y Clásica: Cómo se debe jugar?

Como la lógica intuicionista es una restricción conservadora de la lógica clásica, todas las afirmaciones con una estrategia ganadora intuicionista tienen una estrategia ganadora en la lógica clásica (pero no viceversa). Por lo tanto, iniciaremos el diálogo siempre a partir de las reglas intuicionistas: si el Proponente (P) gana, la afirmación tiene entonces una estrategia ganadora en lógica intuicionista y en lógica clásica. Si el proponente pierde, continuamos el diálogo con las reglas clásicas: si el proponente gana esta vez, la afirmación tiene una estrategia ganadora *sólo* en la lógica clásica (no en lógica intuicionista).

Los símbolos ☺ y ● se utilizarán para indicar cuál de los jugadores ganó y en qué lógica.

El símbolo ☺ corresponde a las reglas intuicionistas:
SR-0, SR-1$_{intuiticionista}$, SR-2, SR-3, SR-4, SR-5.

El símbolo ● corresponde a las reglas clásicas:
SR-0, SR-1$_{clásica}$, SR-2, SR-3, SR-4, SR-5.

Si una afirmación tiene una estrategia ganadora intuicionista, también tiene una estrategia ganadora en lógica clásica, pero no viceversa.

§10-Ejercicios

Tablero de juego

a	b	c	c'	b'	a'
	O			**P**	
				tesis	0
1	primer ataque	0			

Explicaciones: En las columnas a y a' se ubican los números de las jugadas. En las columnas b y b' se ubican las jugadas de **O** y **P**. Finalmente en las columnas c y c' se ubica, para los ataques, el número de la jugada atacada.

Estrategias de diálogo
Aprovechando las afirmaciones del adversario

Esta es la característica más importante de la dinámica de resolución de los diálogos: **P** debe aprovechar las afirmaciones previas de afirmaciones atómicas de la parte de **O**. En efecto, como **P** no puede afirmar atómicas salvo que **O** la haya afirmado antes, para ganar un diálogo debe provocar que **O** las afirme siguiendo una estrategia bien focalizada.

Nota: de aquí en adelante el lector debe estar atento con el uso de 'defender' y de 'responder'.

IMPORTANTE: PARA TODOS LOS EJERCICIOS VA-MOS A CONSIDERAR QUE LOS RANGOS SON <u>1 PARA EL OPONENTE</u> Y <u>2 PARA EL PROPONENTE</u>, RESPEC-TIVAMENTE.

Caso 1: $D((p \wedge q) \to p)$

(Diálogo para la tesis $(p \wedge q) \to p$)

orden de jugada	B	c	c'	b'	orden de jugada
	O			**P**	
				$(p \wedge q) \to p$	0
1	$p \wedge q$	0		p ☺	4
3	p		1	$?\text{-}\wedge_1$	2

Aclaraciones

Jugada 0: $I_1 = \langle$tesis, $\textbf{P-!-}(p \wedge q) \to p\rangle$
En la jugada 0 se ubica siempre la *tesis* El proponente (**P**) afirma un condicional, el cual debe ser defendido. Aquí inicia un juego condicional: un conjunto de jugadas que corresponden a la partícula "$\to$".
Jugada 1: $I_2 = \langle\textbf{O-!-}(p \wedge q)\rangle$
El oponente (**O**) ataca la jugada 0 exigiendo una justificación para "p" al conceder el antecedente del condicional, es decir, la conjunción $p \wedge q$. Comienza así un nuevo juego ($p \wedge q$) del tipo C_1 para X = **O**. Es decir, **O** está jugando una conjunción y por ello iniciando una serie de jugadas de acuerdo a las reglas de la conjunción "$\wedge$". **O** se compromete a defender esta conjunción.
Jugada 2: $I_{3'} = \langle\textbf{P-?-}\wedge_1\rangle$ $(I_{3'} = C_2)$ **P** no puede defenderse del ataque a 0 respondiendo directamente "p", porque es una afirmación atómica y aún no está afirmada por **O**. Sólo **O** tiene derecho a afirmar atómicas por primera vez (SR-3). La estrategia consiste en contra-atacar preguntando por el primer miembro de la conjunción afirmada por **O** (jugada 2). Ese primer miembro es

justamente el que necesita para defenderse del ataque a 0: "p". Este ataque corresponde a C_2.

Jugada 3: C_3=<O-!-p>

O se defiende del ataque afirmando "p".
Aquí finaliza el juego para la conjunción: un conjunto de jugadas que corresponden a la partícula "∧".

Jugada 4: I_3=<P-!-p>

P se defiende del ataque de la jugada 1 con la afirmación atómica "p" concedida por **O** en la jugada 3.
Aquí finaliza el juego para la condicional: un conjunto de jugadas que corresponden a la partícula "→".

Puntuación final
P gana al hacer la última jugada:
el diálogo está *terminado* y *cerrado*.
O no puede seguir jugando y la misma afirmación atómica
aparece en las dos últimas jugadas: 3 y 4

P tiene una estrategia ganadora para la tesis!

Último comentario: es interesante ver cómo la serie de juegos para el condicional y la conjunción es combinada estratégicamente por los jugadores para conseguir sus metas.

Caso 2: D(p→(p∨q))

	O			P	
				p→(p∨q)	0
1	p	0		p∨q	2
3	?-∨	2		p☺	4

Jugada 0: I_1=<tesis, P-!-p→(p∨q)>

P afirma un condicional, el cual debe ser defendido.
Aquí comienza un juego para la condicional: un conjunto de jugadas que corresponden a la partícula "→".

Jugada 1: I_2=<**O**-!-p>
O ataca la jugada 0 concediendo el antecedente del condicional, es decir, la afirmación atómica "p".
Jugada 2: I_3=<**P**-!-p∨q >
P se defiende afirmando "p∨q" (porque no es una afirmación atómica como en el dialogo previo). Comienza así un nuevo juego del tipo D_1 para X=**P**: un conjunto de jugadas que corresponden a la partícula "∨".
Jugada 3: D_2=<**O**-?-∨>
O ataca la disyunción de la jugada 2 según la regla D_2.
Jugada 4: D_3=<**P**-!- p>
P puede defenderse del ataque de la jugada 3 puesto que "p" ya ha sido afirmada por **O** en la jugada 1. No obstante, él no puede hacer lo mismo con "q".
Puntuación final   **P** gana al hacer la última jugada: el diálogo está *terminado* y *cerrado*.   **O** no puede seguir jugando, y la misma afirmación atómica   aparece en las jugadas 1 y 4.

Caso 3: D(p∧¬p)

	O			**P**	
				p∧¬p	0
1	?-∧₁ ☺	0			

Jugada 0: C_1=<tesis, **P**-!-p∧¬p >
Jugada 1: C_2=<**O**-?-∧₁>
O ataca la conjunción preguntando por el primer miembro, al saber estratégicamente que es imposible para **P** afirmar una afirmación atómica todavía no afirmada por el propio **O**.

Efectivamente **P** no puede defenderse y no puede seguir jugando según las reglas.
Puntuación final **O** gana al hacer la última jugada: el diálogo está terminado y abierto. **P** no puede seguir jugando, y no hay dos posiciones que cuenten con la misma afirmación atómica.

Caso 4: D((p∨q)→p)

	O				P	
					(p∨q)→p	0
1	p∨q	0				
				1	?-∨	2

↙ ↘

Rama 1

	O				P	
					(p ∨ q)→p	0
1	p∨q	0				
3	q ☺		1		?-∨	2

Rama 2

	O				P	
					(p ∨ q)→p	0
1	p∨q	0			p ☺	4
3	p		1		?-∨	2

Jugada 0: I_1=<tesis, **P**-!- (p∨q)→p >
Jugada 1: I_2=<**O**-!-p∨q>
El oponente (**O**) ataca la jugada 0 concediendo el primer miembro del condicional. La concesión es una disyunción. Aquí comienza un nuevo juego que es equivalente a D_1 para X=**O**: un conjunto de jugadas que conciernen a la partícula "∨".
Jugada 2: D_2=<**P**-?-∨> Ojo! $I_{3'}$=D_2 P no puede defenderse afirmando directamente "p" porque es una afirmación atómica y aún no ha sido afirmada por **O**. En su lugar, **P** responde atacando la disyunción de la jugada 1. Este ataque 2 corresponde a D_2.

D₂ para **P** lleva a ramificación (ver sumario *3*)

Ramificación
La estrategia de **P** es ganar en todas las ramas del diálogo

Rama 1:	**Rama 2**:
Jugada 3: D₃=<**O**-!-q>	Jugada 3': D₃=<**O**-!-p>
O se defiende afirmando "q".	**O** se defiende afirmando "p".
P está bloqueado	Jugada 4': I₃:<**P**-!-p>
	P se defiende afirmando la formula atómica "p" concedida por O en la jugada 3'

Puntuación final
O gana pues hace la última jugada (Rama 1): el diálogo está *terminado* y *abierto*. **P** no puede seguir jugando en Rama 1, y no hay dos posiciones que cuenten con la misma afirmación atómica.

Caso 5: D((p∧q)→(q∧p))

	O			**P**	
				(p∧q)→(q∧p)	0
1	p∧q	0		q∧p	2

↙ ↘

Rama **1**

	O			**P**	
				(p∧q)→(q∧p)	0
1	p∧q	0		q∧p	2
3	?-∧₁	2		q ☺	6
5	q		1	?-∧₂	4

Rama **2**

	O			**P**	
				(p∧q)→(q∧p)	0
1	p∧q	0		q∧p	2
3'	?-∧₂	2		p ☺	6'
5'	p		1	?-∧₁	4'

Jugada 0: I_1= <tesis, **P**-!-$(p\wedge q)\rightarrow(q\wedge p)$>
Jugada 1: I_2= <**O**-!-$p\wedge q$>
El oponente (**O**) ataca la jugada 0 concediendo el primer miembro del condicional. Aquí comienza un nuevo juego que es equivalente a C_1 para X=**O**: un conjunto de jugadas que conciernen a la partícula "$\wedge$".
Jugada 2: I_3=<**P**-!-$q\wedge p$>
P se defiende (I_3 jugando el segundo miembro de la condicional, que es una conjunción: "$q\wedge p$". Se inicia así un nuevo juego (C_1) para X=**P**: un conjunto de jugadas que conciernen a la partícula "$\wedge$".
C_1 para **P** es ramificación (ver sumario 3)
Ramificación La estrategia de **P** es ganar en todas las ramas del diálogo

Rama 1:	**Rama 2:**
Jugada 3: C_2=<**O**-?-$\wedge_1$>	Jugada 3': C_2=<**O**-?-$\wedge_2$>
O ataca la conjunción de la jugada 2 (C_2) preguntando por el primer miembro ("q"). **P** no puede responde directamente a este ataque porque se trata de una atómica ("q").	**O** ataca la conjunción de la jugada 2 (C_2) preguntando por el primer miembro ("p"). **P** no puede responde directamente a este ataque porque se trata de una atómica ("p").
Jugada 4: C_2=<**P**-?-$\wedge_2$>	Jugada 4': C_2=<**P**-?-$\wedge_1$>
P responde al ataque atacando la conjunción de la jugada 1, preguntando por el mismo elemento ("q") que ocupa el lugar del segundo miembro en esta conjunción.	**P** responde al ataque atacando la conjunción de la jugada 1, preguntando por el mismo elemento ("p") que ocupa el lugar del primer miembro en esta conjunción.
Jugada 5: C_3=<**O**-!-q>	Jugada 5': C_3=<**O**-!-p>
O se defiende del ataque de la jugada 4.	**O** se defiende del ataque de la jugada 4'.

Jugada 6: C_3=<**P**-!-q>	Jugada 6': C_3=<**P**-!-p>
P se defiende del ataque de la jugada 3 aprovechando lo que **O** afirma en la jugada 5. De otro modo no hubiera sido posible para **P** afirmar esta atómica.	**P** se defiende del ataque de la jugada 3 aprovechando lo que **O** afirma en la jugada 5. De otro modo no hubiera sido posible para **P** afirmar esta atómica.

Puntuación final
P gana al hacer la última jugada: el diálogo está *terminado* y *cerrado* (en cada Rama). **O** no puede seguir jugando, y la misma afirmación atómica aparece en las jugadas 5&6 y 5'&6'.

Caso 6: D(¬p→(p→q))

	O			**P**	
				¬p→(p→q)	0
1	¬p	0		p→q	2
3	p	2			
	-		1	p ☺	4

Jugada 0: I_1=<tesis, **P**-!-(¬p→(p→q))>

Jugada 1: I_2=<**O**-!-¬p>
O ataca el condicional de la jugada 0. Comienza así un nuevo juego del tipo N_1 para X = **O**: un conjunto de jugadas correspondiente a la partícula "¬".

Jugada 2: I_3=<**P**-!-p→q >
P se defiende del ataque de la jugada 1. Comienza así un nuevo juego del tipo I_1 para X = P

Jugada 3: I_2=<**O**-!-p>
O ataca el condicional de la jugada 2.

Jugada 4: N_2=<**O**-!-p>

Tomando ventaja de la formula atómica "p" afirmada por **O** en la jugada 3, **P** responde atacando la negación afirmada por **O** en la jugada 1.

Puntuación final

P gana al hacer la última jugada: el diálogo está terminando y cerrado. **O** no puede seguir jugando, y la misma afirmación atómica aparece en las dos últimas jugadas: 3 y 4.

Caso 7: D(p→(p∧q))

	O				P	
					p→(p∧q)	0
1	p	0			p∧q	2
3	?-∧₂ ☺	2				

Jugada 0: I₁=<tesis , **P**-!-p→(p∧q)>

Jugada 1: I₂=<**O**-!-p>

O ataca la condicional de la jugada 0.

Jugada 2: I₃=<**P**-!-p∧q >

P se defiende afirmando el consecuente del condicional. Comienza así un nuevo juego del tipo C₁ para X = **P**.

Jugada 3: C₂=<**O**-?-∧₂>

O ataca la conjunción de la jugada 2 preguntando por el segundo miembro.
Estratégicamente es la elección correcta porque **P** dispone de la afirmación atómica "p" ya concedida por **O**, pero no de "q".

Puntuación final

O gana al hacer la última jugada: el diálogo está terminado y abierto. **P** no puede seguir jugando, y no hay dos posiciones que cuenten con la misma afirmación atómica.

Caso 8: D(p∨¬p) (tercero excluido)

	O				P	
					p∨¬p	0
1	?-∨	0			¬p / p ☻	2/2'
3	p	2				

Jugada 0: D_1=<tesis , **P**-!-p∨¬p>

Jugada 1: D_2=<**O**-?-∨>   **O** ataca la disyunción de la jugada 0.

Jugada 2: D_3=<**P**-!- ¬p>   **P** se defiende afirmando el segundo miembro de la disyunción.   Comienza así un nuevo juego del tipo N_1 para X = **P**.   Nótese que **P** no podía responder "p" porque es una formula atómica todavía no afirmada por **O**.

Jugada 3: N_2=<**O**-!-p>   **O** ataca la negación de la jugada 2 desde el punto de vista intuicionista ((**RS-1** intuicionista) + (RS-5)) el diálogo finaliza aquí y de ese modo la tesis no tiene una estrategia intuicionista ganadora.

Puntuación inicial: **O** gana al hacer la última jugada: el diálogo está terminado y abierto. **P** no puede seguir jugando, y no hay dos posiciones que cuenten con la misma afirmación atómica.

Jugada 2': D_3=<**P**-!- p>   Desde un punto de vista clásico (**RS-1** clásico) **P** puede continuar jugando: **P** puede repetir una defensa tomando ventaja de la afirmación atómica afirmada por **O** en la jugada 3.

Puntuación final   **P** gana al hacer la última jugada: el diálogo está terminado y cerrado. **O** no puede seguir jugando, y la misma afirmación atómica aparece en las últimas dos jugadas: 3 y 2'.

Caso 9: D(¬¬p→p)

	O			P	
				¬¬p→p	0
1	¬¬p	0		p ☻	4
	-		1	¬p	2
3	p	2		-	

Jugada 0: I₁=<tesis, **P**-!-¬¬p→p>

Jugada 1: I₂=<**O**-!-¬¬p>

O ataca el condicional de la jugada 0.
Comienza así un nuevo juego del tipo N₁ para X = **O**: un conjunto de jugadas que corresponden a la partícula "¬".

Jugada 2: N₂=<**P**-!-¬p>

P responde atacando la negación de la jugada 1.
Comienza así un nuevo juego del tipo N₁ X = **P**.

Jugada 3: N₂=<**O**-!-p>

Puesto que no hay defensa posible para una negación, entonces **O** responde atacando la negación de la jugada 2.

Desde un punto de vista intuicionista ((**RS-1** intuicionista) + (RS-5)) el diálogo termina aquí y de ese modo la tesis no tiene una estrategia ganadora.

Puntuación inicial:
O gana al hacer la última jugada: el diálogo está terminado y abierto. **P** no puede seguir jugando, y no hay dos posiciones que cuenten con la misma afirmación atómica.

Jugada 4: I₃=<**P**-!-p>

Desde un punto de vista clásico **P** puede continuar jugando: tomando ventaja de la afirmación atómica de **O** en la jugada 3, **P** se defiende del ataque hecho por **O** en la jugada 1. Nótese que no es el último ataque, pero con las reglas clásicas (**RS-1**classical) está permitido.

Puntuación final

P gana al hacer la última jugada: el diálogo está terminado y cerrado. **O** no puede seguir jugando, y la misma afirmación atómica aparece en las últimas dos jugadas: 3 y 4.

No hay una estrategia intuicionista ganadora para la tesis pero sí una clásica.

Caso 10: $D(p \rightarrow \neg\neg p)$

	O				P	
					$p \rightarrow \neg\neg p$	0
1	p	0			$\neg\neg p$	2
3	$\neg p$	2			-	
	-			3	p☺	4

Jugada 0: I_1=<tesis, **P**-!-$p \rightarrow \neg\neg p$>
Jugada 1: I_2=<**O**-!-p>
Jugada 2: I_3=<**P**-!-$\neg\neg p$>
Aquí comienza un Nuevo juego del tipo N_1 para X = **P**.
Jugada 3: N_2=<**O**-!-$\neg p$>
Aquí comienza un nuevo juego del tipo N_1 para X = **O**.
Jugada 4: N_2=<**P**-!-p>
P aprovecha la formula atómica afirmada por **O** en la jugada 1 y ataca la negación afirmada por **O** en la jugada 3.

Puntuación final

P gana al hacer la última jugada: el diálogo está terminado y cerrado. **O** no puede seguir jugando, y la misma afirmación atómica aparece en las jugadas: 1 y 4.

Caso 11: D(¬¬(p∨¬p))

	O			P	
				¬¬(p∨¬p)	0
1	¬(p∨¬p)	0		-	
	-		1	p∨¬p	2
3	?-∨	2		¬p	4
5	p	4		-	
			1	p∨¬p	6
7	?-∨	6		p ☺	8

Jugada 0: N₁=<tesis, **P**-!-¬¬(p∨¬p))>
Jugada 1: N₂=<**O**-!-¬(p∨¬p)   Aquí comienza un nuevo juego del tipo N₁ para X = **O**
Jugada 2: N₂=<**P**-!-(p∨¬p)>   Aquí comienza un nuevo juego del tipo D₁ para X = **P**
Jugada 3: D₂=<**O**-?-∨>   **O** ataca la disyunción de la jugada 2
Jugada 4: D₃=<**P**-!-¬p>   **P** se defiende afirmando "¬p"   Comienza así un nuevo juego del tipo N₁ para X = **P**   Nótese que **P** no puede contestar afirmando "p" sino sólo "¬p" en esta jugada
Jugada 5: N₂=<**O**-!-p>   **O** ataca la negación de la jugada 4
Jugada 6: N₂=<**P**-!-(p∨¬p)>   P responde atacando otra vez la negación de la jugada 1.   Nótese que esta jugada es permitida por las reglas clásicas puesto que una nueva información ha sido afirmada por **O** en la jugada 5 (ver **SR-5**)

Jugada 7: D_2=<**O**-?-∨>
O ataca la disyunción de la jugada 6
Jugada 8: D_3=<**P**-!-p>
Tomando ventaja de la información afirmada por **O** en la jugada 5, **P** se defiende afirmando "p".
Puntuación final **P** gana al hacer la última jugada: el diálogo está terminado y cerrado. **O** no puede seguir jugando, y la misma afirmación atómica aparece en las jugadas: 5 y 8.

Nota: el diálogo anterior corresponde a una estrategia ganadora intuicionista para la tesis. Hay que tener en cuenta que incluso si P elige el rango 2, no puede defenderse dos veces debido a la regla intuicionista. Si una afirmación tiene una estrategia ganadora intuicionista, también tiene una estrategia ganadora en lógica clásica. Pero en este caso el diálogo correspondiente es diferente. De hecho, en la jugada 6 usamos la regla (RS-5) que permite a P repetir un ataque (ya que asumimos durante todo el libro que P ha elegido el rango 2). Sin embargo, en la lógica clásica P tiene una opción más sencilla. De hecho, para obtener una estrategia ganadora según la lógica clásica, basta con que P reitere su defensa de la jugada 4 (optando por la misma estrategia que en el caso del Tercero Excluido: ver ejercicio 8)

	O			**P**	
				¬¬(p∨¬p)	0
1	¬(p∨¬p)	0		-	
	-		1	(p∨¬p)	2
3	?-∨	2		¬p/p ☺	4/4'
5	p	4		-	

Jugada 0: N_1= <tesis, **P**-!-¬¬(p∨¬p)>
Jugada 1: N_2= <**O**-!-¬(p∨¬p)>
Jugada 2: N_2= <**P**-!-(p∨¬p)>
Jugada 3: D_2= <**O**-?-∨>
Jugada 4: D_3= <**P**-!-¬p>

Jugada 5: N_2= <**O**-!-p>					

Jugada 4': D_3= <**P**-!-p> ver ejercicio 8					

Puntuación final
P gana al hacer la última jugada: el diálogo está terminado y cerrado. **O** no puede seguir jugando, y la misma afirmación atómica aparece en las dos últimas jugadas: 4' y 5.

Caso 12: $D(\neg\neg(\neg\neg p \rightarrow p))$

	O			P	
				$\neg\neg(\neg\neg p \rightarrow p)$	0
1	$\neg(\neg\neg p \rightarrow p)$	0		-	
	-		1	$\neg\neg p \rightarrow p$	2
3	$\neg\neg p$	2			
			3	$\neg p$	4
5	p	4		-	
			1	$\neg\neg p \rightarrow p$	6
7	$\neg\neg p$	6		p ☺	8

Jugada 0: N_1= <tesis, **P**-!-$\neg\neg(\neg\neg p \rightarrow p)$>
Jugada 1: N_2= <**O**-!-$\neg(\neg\neg p \rightarrow p)$>
Jugada 2: N_2= <**P**-!-$(\neg\neg p \rightarrow p)$>
Jugada 3: I_2= <**O**-!-$\neg\neg p$>
Jugada 4: N_2= <**P**-!-$\neg\neg p$>
Jugada 5: N_2= <**O**-!-p>
Jugada 6: N_2= <**P**-!-$(\neg\neg p \rightarrow p)$>
Jugada 7: I_2=<**O**-!-$\neg\neg p$>
Jugada 8: I_3=<**P**-!-p>
P toma ventaja de lo afirmado en la jugada 5.
Puntuación final

> **P** gana al hacer la última jugada: el diálogo está terminado y cerrado. **O** no puede seguir jugando, y la misma afirmación atómica aparece en las jugadas: 5 y 8.

Nota: como en el caso 11, el diálogo anterior corresponde a una estrategia intuicionista ganadora para la tesis. Para una estrategia clásica ganadora ver más abajo.

	O				**P**	
					$\neg\neg(\neg\neg p \rightarrow p)$	0
1	$\neg(\neg\neg p \rightarrow p)$	0			-	
	-		1		$\neg\neg p \rightarrow p$	2
3	$\neg\neg p$	2			p ☻	6
	-		3		$\neg p$	4
5	p	4			-	

Jugada 0: N_1=<tesis, **P**-!-$\neg\neg(\neg\neg p \rightarrow p)$
Jugada 1: N_2=<**O**-!-$\neg(\neg\neg p \rightarrow p)$
Jugada 2: N_2=<**P**-!-$(\neg\neg p \rightarrow p)$>
Jugada 3: I_2=<**O**-!-$\neg\neg p$>
Jugada 4: N_2=<**P**-!-$\neg p$ >
Jugada 5: N_2=<**O**-!-p>
Jugada 6: N_2=<**P**-!-p>
Nótese que esta defensa no está permitida en la lógica intuicionista
Puntuación final
P gana al hacer la última jugada: el diálogo está terminado y cerrado. **O** no puede seguir jugando, y la misma afirmación atómica aparece en las dos últimas jugadas: 5 y 6.

Caso 13: D([(p∨q)∧¬p]→q)

	O			P	
				[(p∨q)∧¬p]→q	0
1	[(p∨q)∧¬p]	0			
3	¬p	1		?-∧₂	2
5	p∨q	1		?-∧₁	4
			5	?-∨	6

↙ ↘

Rama 1

	O			P	
				[(p∨q)∧¬p]→q	0
1	[(p∨q)∧¬p]	0			
3	¬p	1		?-∧₂	2
5	p∨q	1		?-∧₁	4
7	p	5		?-∨	6
			3	p☺	8

Rama 2

	O			P	
				[(p∨q)∧¬p]→q	0
1	[(p∨q)∧¬p]	0		q☺	8'
3	¬p	1		?-∧₂	2
5	p∨q	1		?-∧₁	4
7'	q	5		?-∨	6

Jugada 0: I₁=<tesis, **P**-!-([(p∨q)∧¬p]→q)>
Jugada 1: I₂=<**O**-!-([(p∨q)∧¬p]>
Jugada 2: C₂=<**P**-?-∧₂>
Jugada 3: C₃=<**O**-!- ¬p>
Jugada 4: C₂=<**P**-?-∧₁>
Jugada 5: C₃=<**O**-!-p∨q>
Jugada 6: D₂=<**P**-?-∨>

Ramificación
[Def. 6, (i)]
el proponente (P) debe ganar ambos juegos dialógicos

Rama 1	Rama 2
Move 7: D₃=<**O**-!-p>	Move 7: D₃=<**O**-!-q>
Move 8: N₂=<**P**-!-p>☺	Move 8: I₃=<**P**-!-q>☺

Puntuación final
P gana al hacer la última jugada: los juegos dialógicos están terminados y cerrados. **O** no puede seguir jugando, y la misma afirmación atómica en las jugadas 7 y 8 y 7' y 8'.

Caso 14: D([(p→q)∧p]→q)

	O			P	
				[(p→q)∧p]→q	0
1	(p→q)∧p	0			
3	p		1	?-∧₂	2
5	p→q		1	?-∧₁	4
			5	p	6

↙ ↘

Rama 1					
	O			P	
				[(p→q)∧p]→q	0
1	(p→q)∧p	0		q☺	8
3	p		1	?-∧₂	2
5	p→q		1	?-∧₁	4
7	q		5	p	6

Rama 2					
	O			P	
				[(p→q)∧p]→q	0
1	(p→q)∧p	0			
3	p		1	?-∧₂	2
5	p→q		1	?-∧₁	4
			5	p	6

Jugada 0: I₁=<tesis, **P**-!-[(p→q) ∧p]→q>
Jugada 1: I₂=<**O**-!-[(p→q) ∧p]>
Jugada 2: C₂=<**P**-?-∧₂>
Jugada 3: C₃=<**O**-!-p>
Jugada 4: C₂=<**P**-?-∧₁>
Jugada 5: C₃=<**O**-!-p→q>
Jugada 6: I₂=<**P**-!-p>
Ramificación [Def. 6, (iii)] **P** debe ganar en ambas ramas.

Rama 1	Rama 2
Jugada 7: I_3=<O-!-q>	O no puede atacar una afirmación atómica
Jugada 8: I_3=<P-!-q>☺	

Puntuación final
P gana pues hace la última jugada: los juegos dialógicos están terminados y cerrados. **O** no puede seguir jugando, y la misma afirmación atómica aparece en las jugadas 7 y 8 y 3 y 6, respectivamente.

Case 15: $D[(\neg p \to p) \to p]$

	O			P	
				$(\neg p \to p) \to p$	0
1	$\neg p \to p$	0			
			1	$\neg p$	2

↙ ↘

Rama 1

	O			P	
				$(\neg p \to p) \to p$	0
1	$\neg p \to p$	0			
			1	$\neg p$	2
3	p☺	2		-	

Rama 2

	O			P	
				$(\neg p \to p) \to p$	0
1	$\neg p \to p$	0		p ☺	4'
3'	p		1	$\neg p$	2

Jugada 0: I_1=<tesis, P-!-$(\neg p \to p) \to p$>
Jugada 1: I_2=<O-!-$(\neg p \to p)$>
Jugada 2: I_2=<P- !- $\neg p$>

Ramificación
[Def. 6, (iii)]
P debe ganar en ambas ramas.

Rama 1	Rama 2
Jugada 3: N_2=<O-!-p>	Jugada 3': I_3=<O-!-p>
	Jugada 4': I_3=<P-!-p>

Un primer resultado:
O gana pues hace la última jugada: el diálogo está terminado y abierto.

P no puede mover más, y no hay dos posiciones con la misma afirmación atómica.
La tesis **no** tiene una estrategia ganadora intuicionista

Continuamos jugando con las relgas de la lógica clásica:

	O			P	
				$(\neg p \rightarrow p) \rightarrow p$	0
1	$\neg p \rightarrow p$	0			
			1	$\neg p$	2

↙ ↘

Rama 1

	O			P	
				$(\neg p \rightarrow p) \rightarrow p$	0
1	$\neg p \rightarrow p$	0		p ☻	4
			1	$\neg p$	2
3	p	2		-	

Rama 2

	O			P	
				$(\neg p \rightarrow p) \rightarrow p$	0
1	$\neg p \rightarrow p$	0		p ☻	4'
3'	p		1	$\neg p$	2

Recordar: ☻ = válido solo en lógica clásica

Jugada 0: I_1=<tesis, **P**-!-$(\neg p \rightarrow p) \rightarrow p$>	
Jugada 1: I_2=<**O**-!-$(\neg p \rightarrow p)$>	
Jugada 2: I_2=<**P**- !- $\neg p$>	
Ramificación [Def. 6, (iii)] **P** debe ganar en ambas ramas.	
Rama 1	**Rama 2**
Jugada 3: N_2=<**O**-!-p>	Jugada 3': I_3=<**O**-!-p>
Jugada 4: I_3=<**P**-!-p> **P** se defiende del ataque a la jugada 1 que no es el último ataque, por lo tanto la tesis es válida sólo en lógica clásica.	Jugada 4': I_3=<**P**-!-p>
Puntuación **P** gana pues hace la última jugada. el juego dialógico está terminado y cerrado,	

O no puede jugar más, y la misma afirmación atómica en las jugadas 3&4 y 3'&4'.

Caso 16: $D([(p{\rightarrow}q)\wedge\neg q]{\rightarrow}p)$

	O			P	
				$[(p{\rightarrow}q) \wedge\neg q]{\rightarrow} \neg p$	0
1	$[(p{\rightarrow}q) \wedge\neg q]$	0		$\neg p$	2
3	p	2		-	
5	$\neg q$		1	$?\text{-}\wedge_2$	4
7	$p{\rightarrow}q$		1	$?\text{-}\wedge_1$	6
9	q		7	p	8
	-		5	q ☺	10

Nótese que hicimos el diálogo sólo con una rama

Jugada 0: I_1=<tesis, **P**-!-$[(p{\rightarrow}q)\wedge\neg q]{\rightarrow}\neg p$>
Jugada 1: I_2=<**O**-!-$[(p{\rightarrow}q) \wedge\neg q]$>
Jugada 2: I_3=<**P**-!-$\neg p$>
Jugada 3: N_2=<**O**-!-p>
Jugada 4: C_2=<**P**-?-$\wedge_2$>
Jugada 5: C_3=<**O**-!-$\neg q$ >
Jugada 6: C_2=<**P**-?-$\wedge_1$>
Jugada 7: C_3=<**O**-!-$p{\rightarrow}q$>
Jugada 8: I_2=<**P**-!-p>

Ramificación
[Def. 6, (*iii*)]
P debe ganar ambos juegos dialógicos.

Rama 1	**Rama 2**
Jugada 9: I_3=<**O**-!-q>	Nulo porque **O** no puede atacar una afirmación atómica
Jugada 10: N_2=<**P**-!-q>☺	

Puntuación
P gana pues hace las últimas jugadas:
el juego dialógico está *terminado* y *cerrado*,

O no puede jugar más, y la misma afirmación atómica en las jugadas 9&10.

Caso 17: D[((p→q)→p)→p] (Ley de Peirce)

	O			P	
				((p→q)→p)→p	0
1	((p→q)→p)	0			
			1	(p→q)	2

↙ ↘

Rama 1

	O			P	
				((p→q)→p)→p	0
1	((p→q)→p)	0		p☻	4
			1	(p→q)	2
3	p☺	2			

Rama 2

	O			P	
				((p→q)→p)→p	0
1	((p→q)→p)	0		p☻☺	4
3	p		1	(p→q)	2

Jugada 0: I₁=<tesis, P-!-((p→q)→p)→p >
Jugada 1: I₂=<O-!-((p→q)→p
Jugada 2: I₂=<P-!- (p→q)>
Ramificación   [Def. 6, (iii)]   **P** debe ganar ambos juegos dialógicos.

Rama 1	**Rama 2**
Jugada 3: I₂=<O-!-p> Con reglas intuicionistas el diálogo termina aquí.	Jugada 3: I₃=<O-!-p>
Jugada 4: I₃=<P- !-p> ☻	Jugada 4: I₃=<P- !-p> ☻ ☺

Primera puntuación [☺]:   **O gana** pues hace la última jugada: el diálogo está *terminado* y *abierto*,   **P** no puede jugar más, y no hay dos posiciones con la misma afirmación atómica.   La tesis no tiene una estrategia ganadora intuicionista.   **Segunda puntuación [☻]:**   **P gana** pues hace la última jugada:

los juegos dialógicos están *terminados* y *cerrados*,
O no puede jugar más, y la misma afirmación atómica
aparece en las jugadas 3 y 4 en ambas ramas.

La tesis tiene una estrategia ganadora clásica.

Caso 18: D[(p→(p→q))→(p→q)]

	O			P	
				(p→(p→q))→(p→q)	0
1	p→(p→q)	0		(p→q)	2
3	p	2		q ☺	8
5	p→q		1	p	4
7	q		5	p	6

Jugada 0: I₁=<tesis, **P**-!-(p→(p→q))→(p→q)>

Jugada 1: I₂=<**O**-!-(p→(p→q))>

Jugada 2: I₃=<**P**-!-(p→q)>

Jugada 3: I₂=<**O**-!-p>

Jugada 4: I₂=<**P**-!-p>

Corresponde aquí hacer una ramificación, pero una de ellas es nula (ver casos 14 y 16)

Jugada 5: I₃=<**O**-!-p→q>

Jugada 6: I₂=<**P**-!-p>

Corresponde aquí hacer una ramificación, pero una de ellas es nula (ver casos 14 y 16)

Jugada 7: I₃=<**O**-!- q>

Jugada 8: I₃=<**P**-!- q>

Puntuación final
P gana al hacer la última jugada: el diálogo está terminado y cerrado. **O** no puede seguir jugando, y la misma afirmación atómica aparece en las jugadas: 7 y 8.

Caso 19: D[(p→s)∨(s→p)]

	O			P	
				(p→s)∨(s→p)	0
1	?-∨	0		p→s	2
3	p	2		s ☻	6
				s→p	4
5	s☺	4			

Jugada 0: D_1=<tesis, **P**-!-(p→s)∨(s→p)>
Jugada 1: D_2=<**O**-?-∨>
Jugada 2: D_3=<**P**-!-(p→s)>
Jugada 3: I_2=<**O**-!-p>
Jugada 4: D_3=<**P**-!-(s→p)> **P** reitera su defensa de la jugada 1
Jugada 5: I_2=<**O**-!-s> Con reglas intuicionistas el juego dialógico se detiene aquí
Jugada 6: I_3=<**P**-!-s>
Primera puntuación [☺]: **O** gana al hacer la última jugada: el diálogo está *terminado* y *abierto*. **P** no puede seguir jugando, y no hay dos posiciones que cuenten con la misma afirmación atómica La tesis no tiene una estrategia ganadora intuicionista. **Segunda puntuación [☻]:** **P** gana al hacer la última jugada: el diálogo está *terminado* y *cerrado*. **O** no puede seguir jugando, y la misma afirmación atómica aparece en las jugadas 5 y 6 en ambas ramas. La tesis tiene una estrategia ganadora clásica.

Caso 20: D[((p→s)∧(¬p→s))→ s]

	O			P	
				((p→s)∧(¬p→s))→ s	0
1	(p→s)∧(¬p→s)	0			
3	¬p→s		1	?-∧₂	2
			3	¬p	4

↙ ↘

Rama 1

	O		P	
			$((p{\to}s)\land(\neg p{\to}s)){\to}s$	0
1	$(p{\to}s)\land(\neg p{\to}s)$	0	s ●	10
3	$\neg p{\to}s$	1	$?\text{-}\land_2$	2
		3	$\neg p$	4
5	p	4		
7	$p{\to}s$	1	$?\text{-}\land_1$	6
9	s☺	7	p	8

Rama 2

	O		P	
			$((p{\to}s)\land(\neg p{\to}s)){\to}s$	0
1	$(p{\to}s)\land(\neg p{\to}s)$	0	s ● ☺	6
3	$\neg p{\to}s$	1	$?\text{-}\land_2$	2
5	s	3	$\neg p$	4

Jugada 0: I_1=<tesis, **P**-!-$((p{\to}s)\land(\neg p{\to}s)){\to}s$ >
Jugada 1: I_2=<**O**-$((p{\to}s)\land(\neg p{\to}s))$>
Jugada 2: C_2=<**P**-?-$\land_2$>
Jugada 3: C_3=<**O**-!-$\neg p{\to}s$>
Jugada 4: I_2=<**P**-!- $\neg p$>

Ramificación
[Def. 6, (iii)]
P debe ganar ambos juegos dialógicos.

Rama 1	Rama 2
Jugada 5: N_2=<**O**-!-p>	Jugada 5: I_3=<**O**-!-s>
Jugada 6: C_2=<**P**-?-$\land_1$>	Jugada 6: I_3=<**P**-!-s>
Jugada 7: C_3=<**O**-!-$p{\to}s$>	
Jugada 8: I_2=<**P**-!-p>	
Jugada 9: I_3=<**O**-!-s>	
Jugada 10: I_3=<**P**-!-s>	

Primera puntuación [☺]:
O gana al hacer la última jugada: el diálogo está *terminado* y *abierto*.

P no puede seguir jugando, y no hay dos posiciones que cuenten con la misma afirmación atómica.

La tesis no tiene una estrategia ganadora intuicionista.

Segunda puntuación [☻]:

P gana al hacer la última jugada: el diálogo está *terminado* y *cerrado*.

O no puede seguir jugando, y la misma afirmación atómica aparece en las jugadas 5&6 y 9&10 en ambas ramas.

La tesis tiene una estrategia ganadora clásica.

Dialógica de Primer Orden

Lenguaje para lógica de primer orden (FOL)

Un vocabulario L para lógica de primer orden consta de un conjunto de constantes individuales k_1, k_2,... (k_i); un conjunto de símbolos relacionales P, Q,... (constantes de predicado de grado n); un conjunto de variables individuales x, y,...; los símbolos "∀" y "∃" llamados cuantificadores universales y existenciales respectivamente; los mismos conectivos de la lógica proposicional: negación "¬", conjunción "∧", disyunción "∨", condicional "→", y los corchetes ")" y "(".

Las fórmulas (afirmaciones) bien formadas (fbf) de la lógica de primer orden son expresiones definidas inductivamente de la siguiente manera:

(1) Cada letra proposicional es, por sí sola, una fbf.
(2) Si φ es un fbf, entonces ¬φ es una fbf.
(3) Si φ y θ son fbfs y "&" es un conectivo binario, entonces "φ & θ" es una fbf. Aquí "&" podría ser "∨", "∧" o "→".
(4) Si φ es un fbf, entonces ∀xφ y ∃xφ son fbfs.
(5) Sólo lo que pueden generar las cláusulas (1) a (3) en un número finito de pasos es una fbf.

Lenguaje para dialógica de primer orden (FOLD)

Definimos el lenguaje de lógica dialógica de primer orden como el resultado de enriquecer el lenguaje de lógica de primer orden (FOL) con los siguientes símbolos metalógicos:
Dos símbolos de fuerza: ? y !;
los símbolos 1, 2; ∀/k_i, ∃ (k_i es cualquier constante)
dos etiquetas **O** y **P** (que representan a los jugadores, Oponente y Proponente, respectivamente).

§11-Reglas de Partículas

Cuantificador Universal

∀		
Afirmación	Ataque	Defensa
$\forall x\varphi$	Este ataque es una pregunta	Esta defensa es una afirmación
Jugadas:		
X-!-$\forall x\varphi$	Y-?-k_i Y elige el k_i	X-!-$\varphi[x/k_i]$

Aquí el jugador X afirmó ∀xA y ahora debe defenderla (!). El jugador X está afirmando que tiene la justificación de que todos los individuos poseen la propiedad A. ¿Cómo lo atacamos? Bueno, si él afirma que todos, es nuestro derecho elegir un individuo c que esté a nuestro alcance y exigirle que nos justifique A para ese individuo: (Y-?-$\forall x/c$). La fuerza de su afirmación (para todos...) nos da el derecho de elegir uno de entre todos. La defensa consiste en dar esa justificación. Es decir, el jugador X debe justificarnos que el individuo c posee la propiedad A (X-!-A[x/c]).

Cuantificador Existencial

∃		
Afirmación	Ataque	Defensa
$\exists x\varphi$	una pregunta	una afirmación
Jugadas		
X-!-$\exists x\varphi$	Y-?	X-!-$\varphi[x/k_i]$ X elige el k_i

Explicación:
Aquí el jugador X afirmó ∃xA y debe defenderla (!). El jugador X está afirmando que tiene la justificación de que algunos individuos poseen la propiedad A. ¿Cómo lo atacamos? Bueno, simplemente le exigimos que justifique que A se cumple al menos para uno (Y-?-∃x). Pero esta vez es

su derecho de elegir ese individuo *c* y justificarnos que posee la propiedad A (X-!-A[*x/c*]). El jugador X ha dicho que sólo se cumple para algunos, por ello no somos nosotros (Y) quienes podemos decidir para cuál.

Sumario 4

		Afirmación	Ataque	Defensa
i	∧	**X-!-A∧B**	**Y-?-∧₁**	**X-!-A**
			Y-?-∧₂	**X-!-B**
ii	∨	**X-!-A∨B**	**Y-?-∨**	**X-!-A** o **X-!-B**
iii	→	**X-!-A→B**	**Y-!-A**	**X-!-B**
iv	¬	**X-!-¬A**	**Y-!-A**	no hay
v	∀	**X-!-∀xφ**	**Y-?-x/kᵢ** **Y** elige	**X-!-φ[x/kᵢ]**
vi	∃	**X-!-∃xφ**	**Y-?-∃x**	**X-!-φ[x/kᵢ]** **X** elige

Regla de la partícula para el cuantificador universal (U)
El juego inicia con una afirmación cuantificada universalmente: $\forall x\varphi$

Jugadores	Jugadas	Explicaciones
X	Jugada **U₁**= <--, X-!-∀xφ >	**X** afirma ∀xφ y debe defenderla (!)
Y	Jugada **U₂**= < Y-?-k_i >	**Y** ataca preguntando (?) por un k_i de su elección.
X	Jugada **U₃**= < X-!-φ[x/k_i]>	**X** se defiende realizando la afirmación solicitada.

Regla de la partícula para el cuantificador universal (U)
El juego inicia con una **afirmación** cuantificada universalmente: $\exists x\varphi$

Jugadores	Jugadas	Explicaciones
X	Jugada **E₁**= <--, X-!-∃xφ >	**X** afirma ∃xφ y debe ser defendida (!)
Y	Jugada **E₂**= < Y-?-∃>	**Y** ataca (?) demandando por al menos un k_i.

X	Jugada E_3= <X-!-$\varphi[x/k_i]$>	X se defiende eligiendo un k_i y realizando la afirmación solicitada.

§12. Diálogos en acción

Ilustración para el Cuantificador Universal

Si X=P

	O			P			Detalles	
						U_1=	< --, P-!-$\forall x\varphi$>	
				$\forall x\varphi$	U_1	U_2=	<O-?-k_i >	
U_2	?- k_i			φ [x/k_i]	U_3	U_3=	<P-!-φ [x/k_i]>	

Si X=O

	O			P			Detalles	
						U_1=	< --, O-!-$\forall x\varphi$>	
U_1	$\forall x\varphi$					U_2=	<P-?- k_i >	
U_3	$\varphi[x/k_i]$			?- k_i	U_2	U_3=	<O-!-φ [x/k_i]>	

Ilustración para el Cuantificador Existencial

Si X=P

	O			P			Detalles	
						E_1=	< --, P-!-$\exists x\varphi$>	
				$\exists x\varphi$	E_1	E_2=	<O-?-$\exists$>	
E_2	?- $\exists$			φ [x/k_i]	E_3	E_3=	<P-!-φ [x/k_i]>	

Si X=O

	O			P			Detalles	
						E_1=	< --, P-!-$\exists x\varphi$>	
E_1	$\exists x\varphi$					E_2=	<P-?-$\exists$>	
E_3	φ [x/k_i]			?- $\exists$	E_2	E_3=	<O-!-φ [x/k_i]>	

Rango de repetición: *horror al infinito*

Para evitar que un/a jugador/a vuelva a repetir jugadas ya jugadas con el objeto, por ejemplo, de retrasar infinitamente una derrota, es obligatorio que los/as jugadores/as se pongan de acuerdo, antes de empezar, en el número de veces que está permitido realizar una repetición. De este modo nos aseguramos que las partidas sean *finitas*. El número mínimo idóneo es 1 para el Oponente y 2 para el Proponente. Cualqueir número mayor lleva a los mismos resultados que 1 y 2, respectivamente.

§13. Reglas Estructurales

SR-0: Inicio Las jugadas de un diálogo están numeradas y son afirmadas alternativamente por **P** y **O**. La tesis lleva el número 0 y es afirmada por **P**. Todas las jugadas posteriores a la tesis obedecen a reglas estructurales y de partículas. Llamaremos D(A) a un diálogo D que comienza con la tesis A. Las jugadas pares (2, 4,...) son jugadas realizadas por **P**, las jugadas impares (1, 3,...) son realizados por **O**. Antes de empezar, ambos/as jugadores/as acuerdan un rango de repetición.

SR-1intuicionista: Regla de cierre de ronda intuicionista
Respetando el rango de repetición acordado para cada jugador, los jugadores pueden atacar todas las fórmiulas de su oponenete, pero solo defenderse del último ataque. Es decir, si le toca jugar a X (jugada n), e Y ya ha realizado dos ataques en las jugadas l y m (l<m<n) que X aún no ha defendido, X no puede defenderse más contra l. En resumen, la única defensa posible es contra el último ataque sin defender.

SR-1clásica: Regla de cierre de ronda clásica
Respetando el rango de repetición acordado para cada jugador, los jugadores pueden atacar una afirmación compleja pronunciada por el otro jugador o defenderse de cualquier ataque no defendido (incluidos los que ya han sido defendidos).

SR-2: Ramificación
Se genera una ramificación toda vez que **O** tomar la decisión de defender una disyunción, atacar una conjunción o reaccionar a un ataque contra una condicional.

SR-3: Uso formal de afirmaciones atómicas
Las afirmaciones atómicas (afirmaciones sin partículas) pueden ser afirmadas por primera vez sólo por **O**. El proponente (**P**) puede jugar una afirmación atómica sólo si la misma afirmación ya fue pronunciada por **O**. Las afirmaciones atómicas no pueden ser atacadas.

SR-4: Regla ganadora para las jugadas

Un diálogo está *cerrado* si y sólo si aparece la misma afirmación atómica en dos jugadas sucesivas, una pronunciada por X y la otra por Y. En caso contrario, el diálogo sigue *abierto*.

El jugador que afirma la tesis gana si y sólo si el diálogo está cerrado. Un diálogo termina si y sólo si se cierra o no hay más jugadas que hacer de acuerdo con las reglas (de partículas y estructurales). El adversario gana si y sólo si el diálogo está *terminado* y *abierto*.

Definición 10: estrategia ganadora

La tesis A tiene una estrategia ganadora en dialógica (tanto en el sentido clásico como en el intuicionista) si y solo si todos los juegos del diálogo respectivo están cerrados.

Caso 21: $D(\forall x\varphi \rightarrow \forall x\varphi)$

	O			P	
				$\forall x\varphi \rightarrow \forall x\varphi$	0
1	$\forall x\varphi$	0		$\forall x\varphi$	2
3	?-ki	2		$\varphi[x/\,ki]$ ☺	6
5	$\varphi[x/\,ki]$		1	?- ki	4

Jugada 0: I_1=<tesis, **P**-!-$\forall x\varphi \rightarrow \forall x\varphi$ >
El proponente (**P**) afirma una condicional y debe ser defendida. Aquí inicia un juego condicional: un conjunto de jugadas que corresponden a la partícula "$\rightarrow$".

Jugada 1: I_2=<**O**-!-$\forall x\varphi$>

El oponente (**O**) ataca el condicional concediendo el primer miembro. Comienza así un nuevo juego del tipo U_1 para X=**O**: un conjunto de jugadas que corresponden al cuantificador "$\forall$".

Jugada 2: I_3=<**P**-!-$\forall x\varphi$>
P se defiende afirmando el segundo miembro.
Comienza así un nuevo juego del tipo U_1 para X= **P**: un conjunto de jugadas que corresponden al cuantificador "$\forall$".

Jugada 3: U_2=<**O**-?-ki >

O ataca el cuantificador universal preguntando por la constante k_i.

Jugada 4: U_2=<**P**-?-ki >

P hace el mismo ataque para tomar ventaja de la afirmación de **O**. Obsérvese que en las jugadas 1 y 2 las afirmaciones son idénticas.

Jugada 5: U_3=<**O**-!-$\varphi[x/ki]$>

O se defiende afirmando que k_i pertenece al dominio de φ

Jugada 6: U_3=<**P**-!-$\varphi[x/ki]$> ☺

P se defiende tomando ventaja de la afirmación precedente.

Puntuación final
P gana al hacer la última jugada: el diálogo está terminado y cerrado. **O** no puede seguir jugando, y la misma afirmación atómica aparece en las dos últimas jugadas: 5 y 6.

A continuación mostramos dos casos puntuales, cuando φ= Px$\rightarrow$Qx, y cuando φ= Px$\wedge$Qx.

1) φ= Px$\rightarrow$Qx

	O			P	
				$\forall x(Px{\to}Qx) \to \forall x\,(Px{\to}Qx)$	0
1	$\forall x(Px{\to}Qx)$	0		$\forall x(Px{\to}Qx)$	2
3	?-ki	2		Pki $\to$Qki	4
5	Pki	4		Qki ☺	10
7	Pki $\to$Qki		1	?-ki	6
9	Qki		7	Pki	8

Jugada 0: I_1=<tesis, , **P**-!-$\forall x(Px{\to}Qx)\to\forall x\,(Px{\to}Qx)$>
Jugada 1: I_2=<**O**-!-$\forall x(Px{\to}Qx)$> **O** ataca el condicional de la jugada 0. Comienza así un nuevo juego del tipo U_1 para X=**O**.
Jugada 2: I_3=<**P**-!-$\forall x(Px{\to}Qx)$> **P** se defiende afirmando el segundo miembro del condicional. Comienza así un nuevo juego del tipo U_1 para X=**P**.
Jugada 3: U_2=<**O**-?-ki> **O** ataca el quantificador universal preguntando por la constante ki.
Jugada 4: U_3=<**P**-!-Pki $\to$Qki > **P** se defiende afirmando que k_i pertenece al dominio de la formula Px$\to$Qx.
Jugada 5: I_2=<**O**-!- Pki >
Jugada 6: U_2=<**P**-?-ki>
Jugada 7: U_3=<**O**-!-Pki $\to$Qki > Aquí comienza un nuevo juego del tipo I_1 para X=**O**.
Jugada 8: I_2=<**P**-!-Pki > En la jugada I_2 hecha por **P** se inicia una ramificación (Véase sumario 3)

Rama 1	Rama 2
Jugada 9: I_3=<**O**-!-Qki>	
Jugada 10: I_3=<**P**-!-Qki >☺	Nulo porque **O** no puede atacar una afirmación atómica.

Puntuación final

P gana al hacer la última jugada: el diálogo está terminado y cerrado, **O** no puede seguir jugando y la misma afirmación atómica aparece en las jugadas: 3 y 4.

Obsérvese que en la jugada 4 el proponente tendría otra opción: hacer la misma jugada que **O** y el diálogo tendría otro orden.

2) φ= Px∧Qx

	O			**P**	
				$\forall$x (Px∧Qx)→$\forall$x (Px∧Qx)	0
1	$\forall$x (Px∧Qx)	0		$\forall$x (Px∧Qx)	2
3	?-ki	2		Pki ∧Qki	6
5	Pki ∧Qki		1	?-ki	4

→

Rama 1

	O			**P**	
				$\forall$x(Px∧Qx)→$\forall$x(Px∧Qx)	0
1	$\forall$x(Px∧Qx)	0		$\forall$x (Px∧Qx)	2
3	?-ki	2		Pki ∧Qki	6
5	Pki ∧Qki		1	?-ki	4
7	?-∧$_2$	6		Qki ☺	10
9	Qki		5	?-∧$_2$	8

→

Rama **2**

	O			P	
				$\forall x(Px \wedge Qx) \rightarrow \forall x(Px \wedge Qx)$	0
1	$\forall x(Px \wedge Qx)$	0		$\forall x(Px \wedge Qx)$	2
3	?-ki	2		$Pki \wedge Qki$	6
5	$Pki \wedge Qki$		1	?-ki	4
7	?-$\wedge_1$	6		Pki ☺	10
9	Pki		5	?-$\wedge_1$	8

Jugada 0: I_1=<tesis , **P**-!-$\forall x (Px \wedge Qx) \rightarrow \forall x(Px \wedge Qx)$>
Jugada 1: I_2=<**O**-!-$\forall x(Px \wedge Qx)$>
Aquí comienza un nuevo juego del tipo U_1 para X=**O**
Jugada 2: I_3=<**P**-!-$\forall x(Px \wedge Qx)$>
Aquí comienza un nuevo juego del tipo U_1 para X=**P**
Jugada 3: U_2=<**O**-?-ki>
Jugada 4: U_2= <**P**-?-ki>
Jugada 5: U_3=<**O**-!-Pki $\wedge$Qki>
Aquí comienza un nuevo juego del tipo C_1 para X=**O**
Jugada 6: U_3=<**P**-!-Pki $\wedge$Qki >
Aquí comienza un nuevo juego del tipo C_1 para X=**P** [En la jugada C_1 hecha por **P** se inicia una ramificación (Véase sumario 3)]

RAMA 1	RAMA 2
Jugada 7: C_2=<**O**-?-$\wedge_2$>	Jugada 7: C_2=<**O**-?-$\wedge_1$>
Jugada 8: C_2=<**P**-?-$\wedge_2$>	Jugada 8: C_2=<**P**-?-$\wedge_1$>
Jugada 9: C_3=<**O**-!- Qki>	Jugada 9: C_3=<**O**-!- Pki>
Jugada 10: C_3=<**P**-!- Qki>☺	Jugada 10 C_3=<**P**-!- Pki>☺

Puntuación final
P gana al hacer la última jugada: Los juegos dialógicos están *terminados* y *cerrados*, **O** no puede seguir jugando, y la misma afirmación atómica aparece en las jugadas 9 y 10 en ambas ramas.

Caso 22: D(∃xφ→∃xφ)

	O			P	
				∃xφ→∃xφ	0
1	∃xφ	0		∃xφ	2
3	?-∃	2		φ[x/ki] ☺	6
5	φ[x/ki]		1	?-∃	4

Jugada 0: I_1=<tesis, **P**-!-∃xφ→∃xφ>
Jugada 1: I_2=<**O**-!-∃xφ>   Aquí comienza un nuevo juego del tipo E_1 para X=**O**
Jugada 2: I_3=<**P**-!-∃xφ>   Aquí comienza un nuevo juego del tipo E_1 para X=**P**.
Jugada 3: E_2=<**O**-?-∃>
Jugada 4: E_2=<**P**-?-∃>   P responde atacando el quantificador existencial.
Jugada 5: E_3=<**O**-!-φ[*x*/ki]>
Jugada 6: E_3=<**P**-!-φ[*x*/ki]> ☺
Puntuación final: **P gana** al hacer la última jugada: El diálogo está *terminado* y *cerrado*,   **O** no puede seguir jugando, y la misma afirmación atómica aparece en   las jugadas 5 y 6.

A continuación mostramos dos casos puntuales, cuando φ= Px∨Qx, y cuando φ= Px.

1. φ= Px∨Qx

	O			P	
				∃x (Px∨Qx) →∃x (Px∨Qx)	0
1	∃x (Px∨Qx)	0		∃x (Px∨Qx)	2
3	?-∃	2		Pki∨Qki	6
5	Pki ∨Qki		1	?-∃	4

→

Rama 1

	O			P	
				$\exists x\,(Px\vee Qx)\to\exists x\,(Px\vee Qx)$	0
1	$\exists x\,(Px\vee Qx)$	0		$\exists x\,(Px\vee Qx)$	2
3	?-∃	2		Pki $\vee$Qki	6
5	Pki$\vee$Qki		1	?-∃	4
7	?-$\vee$	6		Qki ☺	10
9	Qki		5	?-$\vee$	8

→

Rama 2

	O			P	
				$\exists x(Px\vee Qx)\to\exists x(Px\vee Qx)$	0
1	$\exists x(Px\vee Qx)$	0		$\exists x(Px\vee Qx)$	2
3	?-∃	2		Pki $\vee$Qki	6
5	Pki $\vee$Qki		1	?-∃	4
7	?-$\vee$	6		Pki ☺	10
9	Pki		5	?-$\vee$	8

Jugada 0: I_1=<tesis, **P**-!-$\exists x(Px\vee Qx)\to\exists x\,(Px\vee Qx)$>	
Jugada 1: I_2=<**O**-!-$\exists x(Px\vee Qx)$> Aquí comienza un nuevo juego del tipo E_1 para X=**O**	
Jugada 2: I_3=<**P**-!-$\exists x(Px\vee Qx)$> Aquí comienza un nuevo juego del tipo E_1 para X=**P**	
Jugada 3: E_2=<**O**-?-∃>	
Jugada 4: E_2=<**P**-?-∃>	
Jugada 5: E_3=<**O**-!- Pki $\vee$Qki > Aquí comienza un nuevo juego del tipo D_1 para X=**O**	
Jugada 6: E_3=<**P**-!- Pki $\vee$Qki > Aquí comienza un nuevo juego del tipo D_1 para X=**P**	
Ramificación	
Rama 1:	**Rama 2:**
Jugada 7: C_2=<**O**-?-$\vee$>	Jugada 7: C_2=<**O**-?-$\vee$>
Jugada 8: C_2=<**P**-?-$\vee$>	Jugada 8: C_2=<**P**-?-$\vee$>
Jugada 9: C_3=<**O**-!- Qki>	Jugada 9: C_3=<**O**-!- Pki>
Jugada 10: C_3=<**P**-!- Qki>	Jugada 10: C_3=<**P**-!- Pki>

Puntuación final
P gana al hacer la última jugada:
Los juegos dialógicos están *terminados* y *cerrados*,
O no puede seguir jugando, y la misma afirmación atómica aparece en las jugadas 9 y 10.

2. φ= Px

	O			P	
				∃x Px→∃x Px	0
1	∃xPx	0		∃xPx	2
3	?-∃	2		Pki ☺	6
5	Pki		1	?-∃	4

Jugada 0: I₁=<tesis, **P**-!-∃xAx→∃xAx>
Jugada 1: I₂=<**O**-!-∃xAx> Aquí comienza un nuevo juego del tipo E₁ para X=O
Jugada 2: I₃=<**P**-!-∃xAx> Aquí comienza un nuevo juego del tipo E₁ para X=P
Jugada 3: E₂=<**O**-?-∃>
Jugada 4: E₂=<**P**-?-∃>
Jugada 5: E₃=<**O**-!-Pki>
Jugada 6: E₃=<**P**-!- Pki > ☺
Puntuación final **P gana** al hacer la última jugada. El diálogo está terminado y cerrado, **O** no puede seguir jugando, y la misma afirmación atómica aparece en las jugadas 5 y 6.

Caso 23: D(∃xAx→∀xAx)

	O			P	
				∃xAx→∀xAx	0
1	∃xAx	0		∀xAx	2
3	?-ki	2			
5	Akj ☺		1	?-∃	4

(ki≠kj)

Jugada 0: I_1=<tesis, **P**-!-$\exists$xAx $\rightarrow$$\forall$xAx>
Jugada 1: I_2=<**O**-!-$\exists$xAx>
Aquí comienza un nuevo juego del tipo E_1 para X=**O**
Jugada 2: I_3=<**P**-!-$\forall$xAx>
Aquí comienza un nuevo juego del tipo U_1 para X=**P**
Jugada 3: U_2=<**O**-?-ki>
Jugada 4: E_2=<**P**-?-$\exists$>
Jugada 5: E_3=<**O**-!- Akj>
O introduce aquí una constante diferente de ki, así que **P** no será capaz de defenderse del ataque de la jugada 3.
Puntuación final
O gana al hacer la última jugada: el diálogo está terminado y abierto, **P** no puede seguir jugando, y no hay dos posiciones que cuenten con la misma afirmación atómica.

Caso 24: D($\forall$x(Ax$\rightarrow$Bx)$\rightarrow$$\exists$x(Ax$\rightarrow$Bx))

	O			**P**	
				$\forall$x(Ax$\rightarrow$Bx) $\rightarrow$ $\exists$x(Ax$\rightarrow$Bx)	0
1	$\forall$x(Ax$\rightarrow$Bx)	0		$\exists$x(Ax$\rightarrow$Bx)	2
3	?-$\exists$	2		Aki$\rightarrow$Bki	4
5	Aki	4		Bki ☺	10
7	Aki$\rightarrow$Bki		1	?-ki	6
9	Bki		7	Aki	8

Jugada 0: I_1=<tesis, **P**-!-$\forall$x(Ax$\rightarrow$Bx) $\rightarrow$$\exists$x(Ax$\rightarrow$Bx)>
Jugada 1: I_2=<**O**-!-$\forall$x(Ax$\rightarrow$Bx)>
Aquí comienza un Nuevo juego del tipo U_1 para X=**O**
Jugada 2: I_3=<**P**-!-$\exists$x(Ax$\rightarrow$Bx)>
Aquí comienza un nuevo juego del tipo E_1 para X=**P**
Jugada 3: E_2=<**O**-?-$\exists$>
Jugada 4: E_3=<**P**-!-Aki$\rightarrow$Bki >
Aquí comienza un nuevo juego del tipo I_1 para X=**P**
Jugada 5: I_2=<**O**-!-Aki>
Jugada 6: U_2=<**P**-?-ki>
Jugada 7: U_3=<**O**-!-Aki$\rightarrow$Bki>
Aquí comienza un nuevo juego del tipo I_1 para X=**O**

Rama 1:	**Rama 2**:
Jugada 8: I_2=<**P**-!-Aki >	

| Jugada 9: I_3=<**O**-!-Bki > | Nulo porque **O** no puede atacar una |
| Jugada 10: I_3=<**P**-!- Bki >☺ | afirmación atómica (Jugada 8) |

Puntuación final

P gana al hacer la última jugada: el diálogo está terminado y cerrado, **O** no puede seguir jugando, y la misma afirmación atómica aparece en las jugadas 9 y 10.

Caso 25: D($\forall$xAx→∃xAx)

	O			**P**	
				$\forall$xAx→∃xAx	0
1	$\forall$xAx	0		∃xAx	2
3	?-∃	2		Aki ☺	6
5	Aki		1	?-ki	4

Jugada 0: I_1=<tesis, **P**-!-$\forall$xAx→∃xAx>
Jugada 1: I_2=<**O**-!-$\forall$xAx>
Aquí comienza un nuevo juego del tipo U_1 para X=**O**
Jugada 2: I_3=<**P**-!-∃xAx>
Aquí comienza un nuevo juego del tipo E_1 para X=**P**
Jugada 3: E_2=<**O**-?-∃>
Jugada 4: U_2=<**P**-?-ki >
Jugada 5: U_3=<**O**-!- Aki>
Jugada 6: E_3=<**P**-!- Aki >☺

Puntuación final

P gana al hacer la última jugada: el diálogo está terminado y cerrado, **O** no puede seguir jugando, y la misma afirmación atómica aparece en las jugadas 5 y 6.

Caso 26: D(Aki→$\forall$xAx)

	O			**P**	
				Aki→$\forall$xAx	0
1	Aki	0		$\forall$xAx	2
3	?-kj ☺	2			

Jugada 0: I_1=<tesis, **P**-!- Ac→$\forall$xAx >
Jugada 1: I_2=<**O**-!-Aki >

Jugada 2: I_3=<**P**-!-∀xAx>		
Aquí comienza un nuevo juego del tipo U_1 para X=**P**		

Jugada 3: U_2=<**O**-?-ki > ☺	
Aquí **O** pregunta por una constant diferente de ki, así que **P** no será capaz de defenderse del ataque (Véase caso 23)	

Puntuación final

O gana al hacer la última jugada: el diálogo está *terminado* y *abierto*, **P** no puede seguir jugando, y no hay dos posiciones que cuenten con la misma afirmación atómica.

Caso 27: D(Pki →∃xPx)

	O			P	
				Pki →∃xPx	0
1	Pki	0		∃xPx	2
3	?-∃	2		Pki ☺	4

Jugada 0: I_1=<tesis, **P**-!-Pki→∃xPx>
Jugada 1: I_2=<**O**-!- Pki >
Jugada 2: I_3=<**P**-!-∃xPx>
Aquí comienza un nuevo juego del tipo E_1 para X=**P**
Jugada 3: E_2=<**O**-?-∃>
Jugada 4: E_3=<**P**-!-Pki>

Puntuación final

P gana al hacer la última jugada: el diálogo está *terminado* y *cerrado*, **O** no puede seguir jugando, y la misma afirmación atómica aparece en las jugadas 1 y 4.

Caso 28: D(∃xAx →Aki)

	O			P	
				∃xAx →Aki	0
1	∃xAx	0			
3	Akj ☺		1	?-∃	2

Jugada 0: I_1=<tesis, **P**-!-(∃xAx →Aki)>
Jugada 1: I_2=<**O**- !- ∃xAx >

Inicia aquí una E_1
Jugada 2: E_2=<**P**-?-∃>
Jugada 3: E_3=<**O**-!-**Akj**> ☺
Claramente O no le va a conceder aquí la Aki que P necesita para ganar y elige una constante k diferente.

Puntuación final

O gana pues hace la última jugada: el diálogo está *terminado* y *abierto*, **P** no puede seguir jugando, y no hay dos posiciones que cuenten con la misma afirmación atómica.

Caso 29: D(∀x(Ax→Bx)→∃x(Ax∧Bx))

	O			**P**	
				∀x(Ax→Bx)→∃x(Ax∧Bx)	0
1	∀x(Ax→Bx)	0		∃x(Ax∧Bx)	2
3	?-∃	2		Aki∧Bki	4

Rama 1

5	?- ∧₁	4			
7	Aki→Bki ☺		1	?-ki	6

Rama 2

5'	?- ∧₂	4			
7'	Aki→Bki ☺		1	?-ki	6'

Jugada 0: I_1=<tesis, **P**-!-∀x(Ax→Bx)→∃x(Ax∧Bx)>
Jugada 1: I_2=<**O**-!-∀x(Ax→Bx)> Inicia aquí un nuevo juego U_1 para X=**O**
Jugada 2: I_3=<**P**-!-∃x(Ax∧Bx)> Inicia aquí un nuevo juego E_1 para X=**O**
Jugada 3: E_2=<**O**-?-∃>
Jugada 4: E_3=<**P**-!-Aki ∧Bki > Inicia aquí un nuevo juego C_1 para X=**P**

Ramificación

Rama 1	Rama 2

Jugada 5: I_2=<**O**-!-?-$\wedge_1$>	Jugada 5': I_2=<**O**-!-?-$\wedge_2$>
Jugada 6: U_2=<**P**-?-$\forall$x/c>	Jugada 6': U_2=<**P**-?-$\forall$x/c>
Jugada 7: U_3=<**O**-!-Aki →Bki > Inicia aquí un nuevo juego I_1 para X=**O** ☺	Jugada 7': U_3=<**O**-!-Aki →Bki > Inicia aquí un nuevo juego I_1 para X=**O** ☺

Puntuación final
O gana al hacer la última jugada: el diálogo está *terminado* y *abierto*, **P** no puede seguir jugando, y no hay dos posiciones que cuenten con la misma afirmación atómica.

Caso 30: D($\exists$x(Ax∧Bx)→($\exists$xAx∧$\exists$xBx))

	O			P	
				$\exists$x(Ax∧Bx)→($\exists$xAx∧$\exists$xBx)	0
1	$\exists$x(Ax∧Bx)	0		($\exists$xAx∧$\exists$xBx)	2

→

Rama 1

	O			P	
				$\exists$x(Ax∧Bx)→($\exists$xAx∧$\exists$xBx)	0
1	$\exists$x(Ax∧Bx)	0		($\exists$xAx∧$\exists$xBx)	2
3	?-$\wedge_1$	2		$\exists$xAx	4
5	?-$\exists$	4		Aki ☺	10
7	Aki∧Bki		1	?-$\exists$	6
9	Aki		7	?-$\wedge_1$	8

→

Rama 2

	O			P	
				$\exists$x(Ax∧Bx)→($\exists$xAx∧$\exists$xBx)	0
1	$\exists$x(Ax∧Bx)	0		($\exists$xAx∧$\exists$xBx)	2
3'	?-$\wedge_2$	2		$\exists$xAx	4'
5'	?-$\exists$	4		Bki ☺	10'
7'	Aki∧Bki		1	?-$\exists$	6'
9'	Bki		7	?-$\wedge_2$	8'

Jugada 0: I_1=<tesis, **P**-!-$\exists x(Ax \wedge Bx) \rightarrow (\exists xAx \wedge \exists xBx)$>
Jugada 1: I_2=<**O**-!-$\exists x(Ax \wedge Bx)$> Inicia aquí un nuevo juego E_1 para X=**O**
Jugada 2: I_3=<**P**-!-$(\exists xAx \wedge \exists xBx)$> Inicia aquí un nuevo juego C_1 para X=**P**

Ramificación

Rama 1	Rama 2
Jugada 3 : C_2=<**O**-?-$\wedge_1$>	Jugada 3': C_2=<**O**-?-$\wedge_2$>
Jugada 4: C_3=<**P**-!-$\exists xAx$> Inicia aquí un nuevo juego E_1 para X=**P**	Jugada 4': C_3=<**P**-!-$\exists xBx$> Inicia aquí un nuevo juego E_1 para X=**P**
Jugada 5: E_2=<**O**-?-$\exists$>	Jugada 5': E_2=<**O**-?-$\exists$>
Jugada 6: E_2=<**P**-?-$\exists$>	Jugada 6': E_2=<**P**-?-$\exists$>
Jugada 7: E_3=<**O**-!-$Aki \wedge Bki$> Inicia aquí un nuevo juego C_1 para X=**O**	Jugada 7': E_3=<**O**-!-$Aki \wedge Bki$> Inicia aquí un nuevo juego C_1 para X=**O**
Jugada 8: C_2=<**P**-?-$\wedge_1$>	Jugada 8': C_2=<**P**-?-$\wedge_2$>
Jugada 9: C_3=<**O**-!-Aki>	Jugada 9': C_3=<**O**-!-Bki>
Jugada 10: E_3=<**P**-!-Aki>	Jugada 10': E_3=<**P**-!-Bki>

Puntuación final

O gana al hacer la última jugada: el diálogo está *terminado* y *abierto*, **P** no puede seguir jugando, y no hay dos posiciones que cuenten con la misma afirmación atómica.

Caso 31: $D(\exists x(Ax \rightarrow \forall xAx))$

	O			P	
				$\exists x(Ax \rightarrow \forall xAx)$	0
1	?- $\exists$	0		$Aki \rightarrow \forall xAx$	2
3	Aki	2		$\forall xAx$	4
5	?-kj	4		Akj ☻	8
				$Akj \rightarrow \forall xAx$	6
7	Akj	6			

Jugada 0: E_1=<tesis, **P**-!-$\exists x(Ax \rightarrow \forall xAx)$>
Jugada 1: E_2=<**O**-?-$\exists$>
Jugada 2: E_3=<**P**-!- $Aki \rightarrow \forall xAx$ > Aquí comienza un nuevo juego del tipo I_1 para X=**P**

	Jugada 3: I₂=<**O**-!-Aki>

Jugada 4: I₃=<**P**-!-∀xAx>
Aquí comienza un nuevo juego del tipo U₁ para X=**P**
Jugada 5: U₂=<**O**-?-kj>
Aquí termina el diálogo con reglas intuicionistas
Jugada 6: E₃=<**P**-!- Akj→∀xAx>
Aquí comienza un nuevo juego del tipo I₁ para X=**P**
Jugada 7: I₂=<**O**-!-Akj>
Jugada 8: U₃=<**P**-!-Akj>
Puntuación final
P gana al hacer la última jugada: el diálogo está terminado y cerrado, **O** no puede seguir jugando, y la misma afirmación atómica aparece en las jugadas 1 y 4.

Caso 32: D(∀x(Ax∨Bx) → (∀xAx∨∀xBx))

	O			P	
				∀x(Ac∨Bc) → (∀xAx∨∀xBx)	0
1	∀x(Ax∨Bx)	0		(∀xAx∨∀xBx)	2
3	?-∨	2		∀xAx	4
5	?-ki	4			
7	Aki∨Bki		1	?-ki	6
			7	? ∨	8
			Rama 1		
				∀x(Ac∨Bc) → (∀xAx∨∀xBx)	0
1	∀x(Ax∨Bx)	0		(∀xAx∨∀xBx)	2
3	?-∨	2		∀xAx	4
5	?-ki	4		Aki	10
7	Aki∨Bki		1	?-ki	6
9	Aki		7	? ∨	8
			Rama 2		
				∀x(Ac∨Bc) → (∀xAx∨∀xBx)	0
1	∀x(Ax∨Bx)	0		(∀xAx∨∀xBx)	2
3	?-∨	2		∀xAx	4
5	?-ki	4			
7	Aki∨Bki		1	?-ki	6
9'	Bki		7	? ∨	8'

			∀xBx		10'
11'	?-kj	10			

Jugada 0: I₁=<tesis, **P**-!-∀x(Ac∨Bc) → (∀xAx∨∀xBx))>

$$I_1=\langle \text{tesis}, \mathbf{P}\text{-}!\text{-}\forall x(Ac\lor Bc) \to (\forall xAx \lor \forall xBx))\rangle$$

| Jugada 1: $I_2=\langle\mathbf{O}\text{-}!\text{-}\forall x(Ac\lor Bc)\rangle$ |
| Aquí comienza un nuevo juego del tipo U₁ para X=**O** |
| Jugada 2: $I_3=\langle\mathbf{P}\text{-}!\text{-}(\forall xAx\lor\forall xBx)\rangle$ |
| Aquí comienza un nuevo juego del tipo D₁ para X=**P** |
| Jugada 3: $D_2=\langle\mathbf{O}\text{-}?\text{-}\lor\rangle$ |
| Jugada 4: $D_3=\langle\mathbf{P}\text{-}!\text{-}\forall xAx\rangle$ |
| Aquí comienza un nuevo juego del tipo U₁ para X=**P** |
| Jugada 5: $U_2=\langle\mathbf{O}\text{-}?\text{-}ki\rangle$ |
| Jugada 6: $U_2=\langle\mathbf{P}\text{-}?\text{-}ki\rangle$ |
| Jugada 7: $U_3=\langle\mathbf{O}\text{- }!\text{- }Aki\lor Bki\rangle$ |
| Aquí comienza un nuevo juego del tipo D₁ para X=**O** |

Ramificación

Rama 1	Rama 2
Jugada 8: $D_2=\langle\mathbf{P}\text{-}?\text{-}\lor\rangle$	Jugada 8': $D_2=\langle\mathbf{P}\text{-}?\text{-}\lor\rangle$
Jugada 9: $D_3=\langle\mathbf{O}\text{-}!\text{-}Aki\rangle$	Jugada 9': $D_3=\langle\mathbf{O}\text{-}!\text{-}Bki\rangle$
Jugada 10: $D_3=\langle\mathbf{P}\text{-}!\text{-}Aki\rangle$	Jugada 10': $D_3=\langle\mathbf{P}\text{-}!\text{-}\forall xBx\rangle$ Aquí comienza un nuevo juego del tipo U₁ para X=**P**
	Jugada 11': $U_2=\langle\mathbf{O}\text{-}?\text{-}kj\rangle$

Puntuación final

O gana al hacer la última jugada: el diálogo está *terminado* y *abierto*, **P** no puede seguir jugando, y no hay dos posiciones que cuenten con la misma afirmación atómica.

Nota: Si el diálogo hubiera consistido sólo en la rama 1, **P** habría ganado.

Caso 33: D(¬∃xAx→∀x¬Ax)

	O				P	
					¬∃xAx→∀x¬Ax	0
1	¬∃xAx	0			∀x¬Ax	2
3	?-ki	2			¬Aki	4
5	Aki	4				
				1	∃xAx	6
7	?-∃	6			Aki ☺	8

Jugada 0: I₁=<tesis, **P**-!- ¬∃xAx→∀x¬Ax >
Jugada 1: I₂=<**O**-!- ¬∃xAx >   Aquí comienza un nuevo juego del tipo N₁ para X=**O**
Jugada 2: I₃=<**P**-!-∀x¬Ax >   Aquí comienza un nuevo juego del tipo U₁ para X=**P**
Jugada 3: U₂=<**O**-?-ki>
Jugada 4: U₃=<**P**-!-¬Aki>   Aquí comienza un nuevo juego del tipo N₁ para X=**P**
Jugada 5: N₂=<**O**- !-Aki>
Jugada 6: N₂=<**P**- !- ∃xAx>   Aquí comienza un nuevo juego del tipo N₁ para X=**P**
Jugada 7: E₂=<**O**-?-∃>
Jugada 8: E₃=<**P**-!-Aki>
Puntuación final
P gana al hacer la última jugada: el diálogo está terminado y cerrado, **O** no puede seguir jugando, y la misma afirmación atómica parece en las jugadas 5 y 8.

Caso 34: D(∀xAx→Aki) (Specification)

	O				P	
					∀xAx→Aki	0
1	∀xAx	0			Aki ☺	4
3	Aki			1	?-ki	2

Jugada 0: I₁=<tesis, **P**-!-∀xAx→Aki >
Jugada 1: I₂=<**O**-!-∀xAx >

| | | Aquí comienza un nuevo juego del tipo U_1 para X=**O** | | |

| Jugada 2: U_2=<**P**-?-ki> |
| Jugada 3: U_3=<**O**-!-Aki > |
| Jugada 4: I_3=<**P**-!- Aki > |

Puntuación final

P gana al hacer la última jugada: el diálogo está terminado y cerrado, **O** no puede seguir jugando, y la misma afirmación atómica aparece en las jugadas 3 y 4.

Caso 35: D($\forall$xAx→¬∃x¬Ax)

	O			**P**	
				$\forall$xAx→¬∃x¬Ax	0
1	$\forall$xAx	0		¬∃x¬Ax	2
3	∃x¬Ax	2			
5	¬Aki		3	?-∃	4
7	Aki		1	?-ki	6
	-		5	Aki ☺☺	8

| Jugada 0: I_1=<tesis, **P**-!-$\forall$xAx→¬∃x¬Ax> |
| Jugada 1: I_2=<**O**-!-$\forall$xAx>
Aquí comienza un nuevo juego del tipo U_1 para X=**O** |
| Jugada 2: I_3=<**P**-!- ¬∃x¬Ax>
Aquí comienza un nuevo juego del tipo N_1 para X=**P** |
| Jugada 3: N_2=<**O**-!- ∃x¬Ax >
Aquí comienza un nuevo juego del tipo E_1 para X=**O** |
| Jugada 4: E_2=<**P**-?-∃> |
| Jugada 5: E_3=<**O**-!- ¬Aki>
Aquí comienza un nuevo juego del tipo N_1 para X=**O** |
| Jugada 6: U_2=<**P**-?-ki> |
| Jugada 7: U_3=<**O**-!-Aki> |
| Jugada 8: N_2=<**P**-!-Aki> ☺ |

Puntuación final

P gana al hacer la última jugada: el diálogo está terminado y cerrado, **O** no puede seguir jugando, y la misma afirmación atómica aparece en las jugadas 7 y 8.

Caso 36: D($\forall$x(Ax$\rightarrow$Bx)$\wedge$($\exists$x$\neg$Bx))$\rightarrow$($\exists$x$\neg$Ax))

	O			P	
				($\forall$x(Ax$\rightarrow$Bx)$\wedge$($\exists$x$\neg$Bx))$\rightarrow$($\exists$x$\neg$Ax)	0
1	$\forall$x(Ax$\rightarrow$Bx)$\wedge$($\exists$x$\neg$Bx)			$\exists$x$\neg$Ax	2
3	?-$\exists$			$\neg$Aki	10
5	$\forall$x(Ax$\rightarrow$Bx)			?-$\wedge_1$	4
7	$\exists$x$\neg$Bx			?-$\wedge_2$	6
9	$\neg$Bki			?-$\exists$	8
11	Aki				
13	Aki$\rightarrow$Bki			?-ki	12
15	Bki			Aki	14
				Bki ☺☺	16

Jugada 0: I$_1$=<tesis, **P**-!- ($\forall$x(Ax$\rightarrow$Bx)$\wedge$($\exists$x$\neg$Bx))$\rightarrow$($\exists$x$\neg$Ax)>
Jugada 1: I$_2$=<**O**-!-$\forall$x(Ax$\rightarrow$Bx)$\wedge$($\exists$x$\neg$Bx)>   Aquí comienza un nuevo juego del tipo C$_1$ para X=**O**
Jugada 2: I$_3$=<**P**-!-$\exists$x$\neg$Ax >   Aquí comienza un nuevo juego del tipo E$_1$ para X=**P**
Jugada 3: E$_2$=<**O**- ?-$\exists$>
Jugada 4: C$_2$=<**P**-?-$\wedge_1$>
Jugada 5: C$_3$=<**O**-!-$\forall$x(Ax$\rightarrow$Bx)>   Aquí comienza un nuevo juego del tipo U$_1$ para X=**O**
Jugada 6: C$_2$=<**P**-?-$\wedge_2$>
Jugada 7: C$_3$=<**O**-!-($\exists$x$\neg$Bx)>   Aquí comienza un nuevo juego del tipo E$_1$ para X=**O**
Jugada 8: E$_2$=<**P**- ?-$\exists$>
Jugada 9: E$_3$=<**O**- !- $\neg$Bki>   Aquí comienza un nuevo juego del tipo N$_1$ para X=**O**
Jugada 10: E$_3$=<**P**- !- $\neg$Aki>   Aquí comienza un nuevo juego del tipo N$_1$ para X=**P**
Jugada 11: N$_2$=<**O**-!- Aki>
Jugada 12: U$_2$=<**P**- ?-ki>
Jugada 13: U$_3$=<**O**-!-Aki$\rightarrow$Bki >   Aquí comienza un nuevo juego del tipo I$_1$ para X=**O**   **Ramificación**

Rama 1	Rama 2
Jugada 14: I$_2$=<**P**-!-Aki>	

Jugada 15: I_3=<O-!- Bki>	Nulo porque **O** no puede atacar una
Jugada 16: N_2=<P-!-Bki>	afirmación atómica (Jugada 8)

Puntuación final
P gana al hacer la última jugada: el diálogo está terminado y cerrado, **O** no puede seguir jugando, y la misma afirmación atómica aparece en las jugadas 15 y 16.

Caso 37: D($\forall$x(Ax$\lor$Bx)$\land\exists$x$\neg$Ax)$\rightarrow$($\exists$xBx))

	O			**P**	
				($\forall$x(Ax$\lor$Bx)$\land\exists$x$\neg$Ax)$\rightarrow$($\exists$xBx)	0
1	$\forall$x(Ax$\lor$Bx)$\land\exists$x$\neg$Ax	0		$\exists$xBx	2
3	?-$\exists$	2			
5	$\forall$x(Ax$\lor$Bx)	1		?-$\land_1$	4
7	$\exists$x$\neg$Ax	1		?-$\land_2$	6
9	$\neg$Aki	7		?-$\exists$	8
11	Aki$\lor$Bki	5		?-ki	10
13			11	?-$\lor$	12

Rama 1

	O			**P**	
11	Aki$\lor$Bki	5		?-ki	10
13	Bki	11		?-$\lor$	12
			9	Bki☺	14

Rama 2

	O			**P**	
11	Aki$\lor$Bki	5		?-ki	10
13'	Aki	11		?-$\lor$	12
			9	Aki☺	14'

Jugada 0: I_1=<tesis, **P**-!-($\forall$x(Ax$\lor$Bx)$\land\exists$x$\neg$Ax)$\rightarrow$($\exists$xBx)>
Jugada 1: I_2=<**O**-!-($\forall$x(Ax$\lor$Bx)$\land\exists$x$\neg$Ax)>
Aquí comienza un nuevo juego del tipo C_1 para X=**O**
Jugada 2: I_3=<**P**-!- $\exists$xBx>
Aquí comienza un nuevo juego del tipo E_1 para X=**P**
Jugada 3: E_2=<**O**-?-$\exists$>

Jugada 4: C_2=<**P**-?-$\wedge_1$>
Jugada 5: C_3=<**O**-!- $\forall x(Ax \vee Bx)$>   Aquí comienza un nuevo juego del tipo U_1 para X=**O**
Jugada 6: C_2=<**P**-?-$\wedge_2$>
Jugada 7: C_3=<**O**-!- $\exists x \neg Ax$>   Aquí comienza un nuevo juego del tipo E_1 para X=**O**
Jugada 8: E_2=<**P**-?-$\exists$>
Jugada 9: E_3=<**O**-!- $\neg Aa$>   Aquí comienza un nuevo juego del tipo N_1 para X=**O**
Jugada 10: U_2=<**P**-?-ki>
Jugada 11: U_3=<**O**-!- Aki$\vee$Bki >   Aquí comienza un nuevo juego del tipo D_1 para X=**O**
Jugada 12: D_2=<**P**-?-$\vee$>
Ramificación

Rama 1	Rama 2
Jugada 13: D_3=<**O**-!- Bki>	Jugada 13': D_3=**O**-!- Aki>
Jugada 14: E_3=<**P**-!- Bki>	Jugada 14': N_2=<**P**- !- Aki >

Puntuación final
P gana al hacer la última jugada: los juegos dialógicos están terminados y cerrados, **O** no puede seguir jugando, y la misma afirmación atómica aparece en las jugadas 13 y 14.

Caso 38: $D(\forall x \forall y Rxy \rightarrow \forall x \forall y Ryx)$

	O			**P**	
				$(\forall x \forall y Rxy \rightarrow \forall x \forall y Ryx)$	0
1	$\forall x \forall y Rxy$	0		$\forall x \forall y Ryx$	2
3	?-ki	2		$\forall y Rxki$	4
5	?-kj	4		Rkjki ☺	1
					0
7	$\forall y Rkjy$		1	?-kj	6
9	Rkjki		7	?-ki	8

Jugada 0: I_1=<tesis, **P**-!- $(\forall x \forall y Rxy \rightarrow \forall x \forall y Ryx)$>
Jugada 1: I_2=<**O**-!- $\forall x \forall y Rxy$ >   Aquí comienza un nuevo juego del tipo U_1 para X=**O**
Jugada 2: I_3=<**P**-!- $\forall x \forall y Ryx$ >   Aquí comienza un nuevo juego del tipo U_1 para X=**P**
Jugada 3: U_2=<**O**-?-ki>

Jugada 4: U_3=<**P**-!-$\forall$yRyki >
Aquí comienza un nuevo juego del tipo U_1 para X=**P**
Jugada 5: U_2=<**O**-?-kj>
Jugada 6: U_2=<**P**-?-kj>
Jugada 7: U_3=<**O**-!-$\forall$yRkjy>
Aquí comienza un nuevo juego del tipo U_1 para X=**O**
Jugada 8: U_2=<**P**-?-ki>
Jugada 9: U_3=<**O**-!-Rkjki>
Jugada 10: U_3=<**P**-!-Rkjki>
Puntuación final:
P gana al hacer la última jugada.
El diálogo está terminado y cerrado,
O no puede seguir jugando, y la misma afirmación atómica aparece en las jugadas 9 y 10.

Caso 39: $D(\exists y\forall xAxy\rightarrow\forall x\exists yAxy)$

	O			**P**	
				$\exists y\forall xAxy\rightarrow\forall x\exists yAxy$	0
1	$\exists y\forall xAxy$	0		$\forall x\exists yAxy$	2
3	?-ki	2		$\exists yAkiy$	4
5	?-$\exists$	4		Akikj ☺	1
					0
7	$\forall xAxkj$		1	?-$\exists$	6
9	Akikj		7	?-ki	8

Jugada 0: I_1=<tesis, **P**-!- $\exists y\forall xAxy\rightarrow\forall x\exists yAxy$ >
Jugada 1: I_2=<**O**-!- $\exists y\forall xAxy$>
Aquí comienza un nuevo juego del tipo E_1 para X=**O**
Jugada 2: I_3=<**P**-!-$\forall x\exists yAxy$ >
Aquí comienza un nuevo juego del tipo U_1 para X=**P**
Jugada 3: U_2=<**O**-?-ki>
Jugada 4: U_3=<**P**-!-$\exists yAkiy$ >
Aquí comienza un nuevo juego del tipo E_1 para X=**P**
Jugada 5: E_2=<**O**-?-$\exists$>
Jugada 6: E_2=**P**-?-$\exists$>
Jugada 7: E_3=<**O**-!- $\forall xAxkj$>
Aquí comienza un nuevo juego del tipo U_1 para X=**O**
Jugada 8: U_2=<**P**-?-ki>

Jugada 9: U₃=<O-!-Akikj>
Jugada 10: E₃=<P-!-Akikj>
Puntuación final
P gana al hacer la última jugada: el diálogo está terminado y cerrado, **O** no puede seguir jugando, y la misma afirmación atómica aparece en las jugadas 9 y 10.

En el siguiente ejercicio podremos ver la diferencia entre opciones y ramificaciones. En efecto, ambos jugadores tienen muchas opciones de juego y van prefiriendo unas u otras en sus búsquedas de una estrategia efectiva para ganar. De entre esas opciones hay un conjunto que corresponden a opciones del Oponente. Estas opciones del Oponente (ver más arriba Definición 5), desencadenan juegos paralelos (ramificaciones) y el Proponente debe ganar todos ellos para poder afirmar que posee una estrategia ganadora para la afirmación. En el siguiente ejercicio ilustraremos los juegos que siguen de opciones que no son ramificaciones, pero en sentido estricto solo se debe seguir una sola opción (la más óptima) pero todas las ramificaciones, si fuera el caso.

Caso 40: (∀x (∀xAx→Ax) → ∀xAx)

	O			P	
				∀x (∀xAx→Ax) → ∀xAx	0
1	∀x(∀xAx→Ax)	0			

En este momento **P tiene dos opciones: o bien responde al ataque o bien ataca 1. P debe evaluar cuál de las dos le conviene más pero no debe jugar las dos.**

Opción 1: responde al ataque

	O			P	
				∀x (∀xAx→Ax) → ∀xAx	0
1	∀x(∀xAx→Ax)	0		∀xAx	2
3	?-ki	2			
5	∀xAx→Aki		1	?-ki	4
			5	∀xAx	6

A partir de aquí tenemos una ramificación dadas las dos opciones que concierenen a O (ver definición 5)

Rama 1

	O			P	
				$\forall x (\forall xAx \to Ax) \to \forall xAx$	0
1	$\forall x(\forall xAx \to Ax)$	0		$\forall xAx$	2
3	?-ki	2		Aki ☺	8
5	$\forall xAx \to Aki$		1	?-ki	4
7	Aki		5	$\forall xAx$	6

Rama 2

	O			P	
				$\forall x (\forall xAx \to Ax) \to \forall xAx$	0
1	$\forall x(\forall xAx \to Ax)$	0		$\forall xAx$	2
3	?-ki	2			
5	$\forall xAx \to Aki$		1	?-ki	4
			5	$\forall xAx$	6
7	?-kj	6			
9	$\forall xAx \to Akj$		1	?-kj	8
			9	$\forall xAx$	10
11	?-kz ☺	10			

Es importante ver que en la jugada 7, O también tenía dos opciones, atacar con la misma ki de más arriba o una nueva. Normalmente una nueva le da siempre mayor ventaja frente a P, pero si uno analiza el juego que corresponde a esta opción (juego que no hemos ilustrado aquí) vemos que O también gana dado el rango de repetición de P.

Opción 2: ataca 1

		O			P	
					$\forall x (\forall xAx \to Ax) \to \forall xAx$	0
1		$\forall x(\forall xAx \to Ax)$	0			
3		$\forall xAx \to Aki$		1	?-ki	2
				3	$\forall xAx$	4

A partir de aquí tenemos una ramificación dadas las dos opciones que concierenen a O (ver Definición 5). El juego sigue igual que el ejercicio anterior, es decir: rama 1 y rama 2.

Explicaciones

Jugada 0: I_1=<tesis, P-!- $(\forall x(\forall xAx \to Ax) \to \forall xAx)$>
Jugada 1: I_2=<O-!- $\forall x(\forall xAx \to Ax)$>
Aquí comienza un nuevo juego del tipo U_1 para X=**O**
Opción 1: P responde el ataque
Jugada 2: I_3=<**P**-!- $\forall xAx$>
Aquí comienza un nuevo juego del tipo E_1 para X=**P**
Jugada 3: U_2=< **O**-?-ki>
Jugada 4: U_2=<**P**-?-ki>
Jugada 5: U_3=<**O**-!-$(\forall xAx \to Aki)$>
Aquí comienza un nuevo juego del tipo I_1 para X=**O**
Jugada 6: I_2=<**P**- !- $\forall xAx$>
Aquí comienza un nuevo juego del tipo U_1 para X=**P**
Después de la jugada 6 hay una ramificación con dos opciones, para **O**, de atacar el cuantificador universal: elegir la misma constante (Rama 2) o una constante diferente (Rama 1)

Rama 1	Rama 2
Jugada 7: I_3=<**O**-!-Aki>	Jugada 7 : U_2=<**O**-?-kj>
Jugada 8: U_3=<**P**-!- Aki> ☺	Jugada 8: U_2=<**P**-?-kj>
	Jugada 9: U_3=<**O**-!-$(\forall xAx \to Akj)$> Aquí comienza un nuevo juego del tipo I_1 para X=**O**
	Jugada 10: I_2=<**P**- !- $\forall xAx$>
	Jugada 11: U_2=<**O**-?-kz> ☺

Opción 2: P ataca 1
Jugada 2: U_2=< **P**-?-ki>
Jugada 3: U_3=<**O**-!-$(\forall xAx \to Aki)$> Aquí comienza un nuevo juego del tipo I_1 para X=**O**
Jugada 4: I_2=<**P**- !- $\forall xAx$>
Ramificación
El juego sigue igual que la opción anterior: rama 1 y rama 2

Puntuación final

O gana en ambas opciones.

O hace la última jugada: el diálogo está *terminado* y *abierto*, **P** no puede seguir jugando, y no hay dos posiciones que cuenten con la misma afirmación atómica.

LÓGICA PROPOSICIONAL MODAL DIALÓGICA

Introducción

El lenguaje modal proposicional es una extensión del lenguaje proposicional clásico puro mediante la adición de nuevas conectivas 1-arias (conocidas como las conectivas de *necesidad* y de *posibilidad* o, más en abstracto, como las conectivas de *caja* ($\square$) y *diamante* ($\lozenge$)).

En la lógica modal básica, la caja y el diamante son interdefinibles:

$\square\varphi$ *syss* $\neg\lozenge\neg\varphi$

$\lozenge\varphi$ *syss* $\neg\square\neg\varphi$

A diferencia de las conectivas proposicionales de la lógica clásica, la caja y el diamante no tienen una interpretación uniforme y fija. De hecho, diferentes lecturas de estas conectivas sugieren diferentes semánticas y diferentes sistemas de prueba. Por ejemplo:

$\square$:	$\lozenge$:
φ es conocido	$\neg\varphi$: φ no es conocido
φ es necesario	φ es posible
φ será siempre cierto	φ será algún día verdad
φ fue siempre cierto	φ fue algún día verdad
φ es obligatorio	φ es admisible
φ es demostrable	φ es consistente (con algún sistema formal de la aritmética)

La lógica modal ocupa un lugar importante en el *Organon* de Aristóteles. De hecho, dos tercios de los *Primeros Analíticos* tratan sobre lógica modal. A pesar de algunos desarrollos por parte de los estoicos y de intensos debates en la Edad Media, esta lógica tuvo mucha menos influencia que la silogística asertórica. Tal vez se deba a las numerosas cuestiones filosóficas y lógicas que plantea. Es interesante observar que en la tradición budista y jainista, y en general en la tradición india, la lógica modal ocupaba el centro de las reflexiones filosóficas; y éste parece ser también el caso de la tradición árabe (especialmente en la obra de Avicena), pero de algún modo estas tradiciones se perdieron.

Los primeros desarrollos y aplicaciones de la lógica modal fueron filosóficos y estuvieron relacionados con diversas nociones filosóficas de la necesidad (a veces identificada con la lectura temporal de la caja, □). Los primeros intentos de formalizar la lógica modal a finales del siglo XIX dentro del estilo algebraico de la época fueron obra del lógico de origen escocés Hugh MacColl (1837-1909), y fueron superados y axiomatizados por Clarence Irving Lewis hacia 1918. De hecho, tras la publicación de los *Principia Mathematica* de Whitehead y Russell (1910-1912), los métodos logísticos de presentar una lógica como un conjunto de axiomas cerrados bajo una relación de consecuencia sustituyeron rápidamente a los métodos algebraicos de cálculo del siglo XIX. La lógica modal de MacColl se formuló en el marco algebraico y Lewis refundó el cálculo algebraico modal de MacColl, incluida la definición de implicación estricta de MacColl, en el lenguaje logístico desarrollado por Frege, Peano y otros. Lamentablemente, en su vida posterior, Lewis pareció tener mucho cuidado en ocultar las huellas que conducían a los orígenes de la implicación estricta y la lógica modal, tal como se presentan en su trabajo conjunto con Langford (1932). Los diversos intentos de MacColl de presentar sistemáticamente su lógica no satisfacen los estándares modernos de rigor. MacColl vacila entre un enfoque (relacional y) de muchos valores y un enfoque explícito de la lógica modal, caracterizado este último por la introducción de operadores modales que vinculan proposiciones en el lenguaje objeto. Stephen Read (1998), presentó la primera reconstrucción minuciosa y sistemática de la lógica modal de MacColl en el marco de un álgebra modal con implicación estricta que da lugar a lo que hoy llamamos la lógica modal normal T. MacColl no es sólo el padre de la implicación estricta, también lo es del pluralismo lógico y explora algunas ideas que podrían considerarse los orígenes de la reflexión sobre la lógica de la relevancia y la lógica libre.

Ya en 1946 Carnap exploró la idea de analizar la modalidad como cuantificación sobre mundos posibles, pero no contaba con la relación de accesibilidad que define la semántica de mundos posibles. La actual semántica de mundos posibles de la lógica modal nació de la confluencia del enfoque teórico de modelos de la semántica formal de la tradición polaca con la axiomática de Lewis y seguidores. En realidad, hubo otro vínculo menos visible pero también muy importante, a saber, el vínculo entre la ya mencionada lógica algebraica y el enfoque teórico-modelo de la semántica de la lógica modal. Este vínculo es un resultado de Stephen Kanger logrado en sus seminarios en la Universidad de Estocolmo en 1955 y publicado en 1957 por esa universidad bajo el título Provability in Logic, y de Richard Montague. De hecho, en una conferencia de 1955 en la UCLA, Montague dio una interpretación modelo-teorética completa de la lógica modal pro-posicional. Kanger se refirió en una nota a pie de página (1972, 39) al tra-bajo de Jónsson y Tarski (1951), de cuyo uso del aparato relacional parece haber derivado. Como escribe Copeland (2006, 392) "en retrospectiva, es-tos teoremas pueden considerarse en efecto un tratamiento de todos los axiomas modales básicos y de las propiedades correspondientes de la rela-ción de accesibilidad". Ahora bien, en la obra de Kanger y en la de Mon-tague la noción de relación utilizada era la de una relación entre modelos y no entre mundos posibles. El enfoque estándar de la semántica de la ló-gica modal básica de hoy en día fue desarrollado independientemente por varios lógicos entre 1955 y 1959, especialmente por los trabajos de Carew Meredith, Arthur Prior, Jaakko Hintikka y Saul Kripke. Jack Copeland (2006) da prioridad al trabajo conjunto de Meredith y Prior en 1956. De hecho, el trabajo de Jaakko Hintikka y Saul Kripke fue la versión más co-nocida de la semántica de mundos posibles. Mientras el primero profundi-zaba en la lectura epistémica de la caja (conocer) el segundo estudiaba una interpretación ontológica de la noción (leibniziana) de necesidad. Además, en sus primeros trabajos Hintikka denominó a la relación como 'relación de alternatividad' entre posibles estados de cosas. En el contexto de la ló-gica deóntica, Hintikka (1957) llama a esta relación una relación de coper-misibilidad. Richard Montague inició hacia 1975 una aplicación sistemá-tica de los lenguajes modales para la formalización del lenguaje natural. Prior (1957) tras una sugerencia de Peter Geach (1962) llamó a la relación "accesibilidad", que es ahora el nombre estándar para la relación binaria entre mundos posibles. Hans Kamp amplió las llamadas gramáticas de Montague a la Teoría de la Representación del Discurso (TRD), que hoy en día es el paradigma más influyente para formalizar el lenguaje natural, con aplicación en diversos campos como la lingüística computacional, la inteligencia artificial y la filosofía. Gracias a los trabajos de Johan van Benthem, la lógica modal se entiende como un lenguaje formal para el es-tudio de estructuras (Blackburn et alii 2001).

§15. Contextos

El enfoque dialógico de la lógica modal requiere una noción de elección dependiente del contexto, es decir, una en la que las elecciones de los ju-gadores son relativas a diferentes contextos en los que los jugadores reali-zan sus jugadas (ataques y defensas). Los elementos implicados son:

$$\boxed{\text{tesis + ataques + defensas + contextos}}$$

En un diálogo existe un contexto inicial (representado por el nivel c0) en el que se ha afirmado la tesis. Como se explica a continuación, en el transcurso de un diálogo pueden darse otros contextos como c_1, $c_{1.1}$ $c_{1.2}$ $c_{1.1.1}$, etc.

En el enfoque dialógico, el significado del operador modal "□" está vinculado al significado de la afirmación "□A" por parte del jugador X y en un contexto c_0. ¿Y qué significa realizar una afirmación del tipo "□A" en el contexto c_0? Significa que el individuo X se compromete a afirmar A en cualquier contexto disponible a partir de c_0, elegido por el retador Y. La elección de un contexto c_n por parte de Y constituye entonces un ataque al que X responde afirmando A en c_n. Por otra parte, el significado de "◊A" implica el compromiso de un jugador X (que afirma ◊A) de afirmar A en *al menos* un contexto disponible a partir de c_0 y de su propia elección.

Al igual que en el caso de los cuantificadores, el ataque o la defensa de los operadores modales se refieren a elecciones. En el caso de los operadores modales se tratará de elecciones de contextos. La elección del contexto se especifica en las reglas de las partículas:

§16. Reglas de las partículas: caja y diamante

Regla para la caja

□		
Afirmación	**Ataque**	**Defensa**
$□A[c_k]$	El ataque es una pregunta por un contexto: ?	$A[c_i]$ Una afirmación que debe defenderse: "!"
Expresiones dialógicas:		
$N_1 = X\text{-!-}□A[c_k]$	$N_2 = Y\text{-?-}□[c_i]$ Y tiene la elección del contexto, en este caso es $[c_i]$	$N_3 = X\text{-!- }A[c_i]$ X debe realizar la defensa en el contexto elegido por Y.
Explicación		

X afirma $\Box$A en el contexto $[c_k]$ y debe defenderla (!). Al afirmar $\Box$A, el jugador X se compromete a afirmar A en cualquier contexto disponible a partir de c_k. ¿Cómo puede atacar Y la afirmación "$\Box$A$[c_k]$"? Respuesta: Dado que X se compromete a afirmar A en cualquier contexto, el retador Y tiene derecho a elegir el contexto en el que debe realizarse la afirmación de A. Por lo tanto, la defensa consiste en afirmar A en el contexto ci elegido por Y.

Regla para el diamante

$\Diamond$		
Afirmación	**Ataque**	**Defensa**
$\Diamond$A$[c_k]$	El ataque es una pregunta: ?	A$[c_i]$ Una afirmación que debe defenderse: "!"
Expresiones dialógicas:		
P_1=X-!-$\Diamond$A$[c_k]$	P_2=Y-?-$\Diamond$	P_3=X-!- A$[c_i]$ X tiene la opción de elegir el contexto, en este caso ha sido $[c_i]$

Explicación

X afirma $\Diamond$A en el contexto $[ck]$ y debe defenderla (!) Al afirmar $\Diamond$A, el jugador X se compromete a afirmar A en *al menos* un contexto de su elección. ¿Cómo ataca Y la afirmación "$\Diamond$A$[c_k]$"? Respuesta: dado que X se compromete a afirmar A en al menos un contexto, el retador Y cede a X la elección del contexto. Así pues, la defensa consiste en afirmar A en el contexto elegido por X.

Elecciones y contextos

La elección de los contextos -nuevos o no nuevos- se realiza en los siguientes casos:	➜	• Atacar una caja • Defender un diamante

Introducción de un contexto

Introducir un contexto significa elegir uno nuevo al atacar una casilla o defender un diamante. De hecho, elegir uno nuevo significa plantear un nuevo contexto que no estaba incluido previamente en el diálogo.

§17. Caja, diamante y la estrategia de los jugadores

Una de las cláusulas más importantes a tener en cuenta es que el proponente nunca introduce contextos en un diálogo (con una excepción que se explica a continuación, el caso de la lógica D):

Caja (□)

Si X afirma □A, Y puede elegir el contexto. Pero, ¿qué contexto?

- Si **P** afirma □A, **O** introduce siempre *un nuevo contexto*.
- Si **O** afirma □A, entonces **P** sólo elige *un contexto ya introducido* por **O**.

Diamante (◊)

Si X afirma ◊A, entonces X puede elegir el contexto. Pero, ¿qué contexto?

- Si **O** afirma ◊A, **O** introduce siempre *un contexto nuevo*.
- Si **P** afirma ◊A, entonces **P** elige sólo *un contexto ya introducido* por **O**.

Contextos e índices

Para aclarar la relación entre los *contextos* y la *elección de los jugadores*, introducimos un sistema de indización, así como algunas definiciones:

(i) Hay un **contexto de partida** (donde se afirmó la tesis) que lleva el índice 0 (c_0)

(ii) Hay **niveles**: El primer contexto que se introduce a partir del contexto n (nivel 0) se anota n.1 (nivel 1), el segundo n.2 (nivel 1), etc. Si es a partir de n.1 (nivel 1): n.1.1 (nivel 2) y así sucesivamente.

(iii) Existe una **relación de orden**: "n>n.m" significa que n es superior a n.m o n.m inferior a n.

(iv) **Profundidad de los contextos**: Respecto de n.m.l, decimos que n es un contexto superior y de profundidad 2; a la inversa, respecto de n, decimos que n.m.l es un contexto inferior y de profundidad 2.

Ejemplos:

$c_{0.1}$ y $c_{0.2}$ son contextos elegidos desde c_0

Ambos son inferiores en un nivel de profundidad respecto a c_0.

$c_{0.1.1}$ y $c_{0.1.2}$ son contextos elegidos a partir de $c_{0.1}$

Ambos son inferiores en un nivel de profundidad con respecto a $c_{0.1}$ e inferiores en dos niveles de profundidad con respecto a c_0.

Atención: a la hora de elegir contextos de nivel superior o inferior en profundidad, los jugadores deben seguir el orden de indización. En otras palabras, si no está especificado por reglas adicionales (véase Diálogos modales y configuraciones) a partir de c_0 un jugador puede elegir $c_{0.1}$ o $c_{0.2}$ o elegir $c_{0.1.1}$ o $c_{0.1.2}$ a partir de $c_{0.1}$.

§18. Reglas estructurales

El objetivo de las reglas estructurales es proporcionar un método de decisión. Lo que está en juego en un diálogo es decidir si hay una estrategia ganadora para la tesis o no. Diferentes reglas estructurales proporcionarán diferentes métodos de decisión que caracterizarán diferentes lógicas. A continuación, presentaremos las reglas que diferencian y caracterizan las lógicas K, T, D, KB, K5, K4 y S4, y las afirmaciones características que representan a cada una de ellas.

Dado que en lógica modal todas las jugadas se realizan en contextos, es necesario sustituir la regla "(SR-3) (Uso formal de afirmaciones atómicas) " por la siguiente:

SR-3-Lógica modal: Uso formal de afirmaciones atómicas en contextos. Las afirmaciones atómicas sólo pueden ser afirmadas por primera vez por **O**. El proponente **P** puede reproducir una afirmación atómica sólo si la misma afirmación ya fue realizada por **O** y en el mismo contexto. Dicho de otro modo: **P** puede afirmar una atómica en un contexto c_i sólo si la misma afirmación atómica ya fue concedida en el mismo contexto c_i por **O**. Las afirmaciones atómicas no pueden ser atacadas.

Lógica K

Reglas estructurales de la lógica K:

1. **Lógica modal SR-3**
2. **SR-K**: P sólo puede elegir contextos (niveles) introducidos antes por **O**.

Decimos que $\Box(A\rightarrow B)\rightarrow(\Box A\rightarrow\Box B)$ caracteriza la lógica K, porque tiene una estrategia ganadora si y sólo si las reglas estructurales son las siguientes: (SR-3-Lógica Modal) y (SR-K).

Los contextos (niveles) se indican en las columnas señaladas con c.

c		O			P		c
					$\Box(A\rightarrow B)\rightarrow(\Box A\rightarrow\Box B)$	0	c_0
c_0	1	$\Box(A\rightarrow B)$	0		$\Box A\rightarrow\Box B$	2	c_0
c_0	3	$\Box A$	2		$\Box B$	4	c_0
c_0	5	?- $\Box c_{0.1}$	4		B ☺	12	$c_{0.1}$
$c_{0.1}$	7	A		3	?- $\Box c_{0.1}$	6	c_0
$c_{0.1}$	9	A→B		1	?- $\Box c_{0.1}$	8	c_0
$c_{0.1}$	11	B		9	A	10	$c_{0.1}$

Nota: En lo que sigue, la diferencia entre las lógicas T, KB, K5, K4 y S4 se establece por la regla estructural que rige la elección de contextos al atacar una caja ($\Box$) o defender un rombo ($\Diamond$).

Lógica T

Reglas estructurales de la lógica T:

1. **SR-3-Lógica modal**
2. **SR-K**: P sólo puede elegir contextos (niveles) introducidos antes por O.
3. **SR-T**: Si P está en el contexto ci, P puede elegir el contexto ci cuando defiende un diamante o ataca una casilla.

Decimos que $\Box A\rightarrow A$ caracteriza la lógica T, porque tiene una estrategia ganadora si y sólo si las reglas estructurales son las tres anteriores.

c		O		P		c
				$\Box A\rightarrow A$	0	c_0
c_0	1	$\Box A$	0			

Un diálogo sin (SR-T) se detiene aquí. Pero si jugamos con (SR-T), el proponente puede avanzar más y ganar:

c	O				P		c
					$\Box A \rightarrow A$	0	c_0
c_0	1	$\Box A$	0		A☺	4	c_0
c0	3	A		1	?- $\Box c_0$	2	c_0

En efecto, **P** puede elegir el mismo contexto de partida para atacar la jugada 1.

A modo de ilustración señalamos lo siguiente: desde el punto de vista de la semántica de mundos posibles de Kripke, la regla SR-T se corresponde con la llamada introducción de la *reflexividad* en la accesibilidad entre mundos: si hay reflexividad, entonces un mundo (un contexto) es accesible desde sí mismo.	↪● w_0

Lógica KB

Reglas estructurales para la lógica KB:
1. **SR-3**-Lógica modal
2. **SR-K**: P sólo puede elegir contextos (niveles) introducidos antes por O.
3. **SR-KB**: Después de la elección de un nuevo contexto, **P** puede elegir cualquier contexto indizado superior.

Decimos que $A \rightarrow \Box \Diamond A$ caracteriza a la lógica KB porque tiene una estrategia ganadora si y sólo si las reglas estructurales son las anteriores.

c	O				P		c
					$A \rightarrow \Box \Diamond A$	0	c_0
c_0	1	A	0		$\Box \Diamond A$	2	c_0
c_0	3	?-$\Box$ $c_{0.1}$	2		$\Diamond A$	4	$c_{0.1}$
$c_{0.1}$	5	?$\Diamond$	4		A ☺	6	c_0

En la jugada 6 el proponente elige un contexto indizado superior (0>0.1)

Desde el punto de vista de la semántica de mundos posibles de Kripke, la regla SR-KB se corresponde con la llamada introducción de la *simetría* en la accesibilidad entre mundos (contextos).	w_0● ⇆● w_1

Lógica K5

Reglas estructurales de la lógica K5:

1. **SR-3**-Lógica modal
2. **SR-K**: **P** sólo puede elegir contextos (niveles) introducidos antes por **O**.
3. **SR-K5**: Tras la elección de dos nuevos contextos indexados $n.m$ y $n.(m+i)$ ($i \neq 0$), **P** puede elegir cualquier contexto de la misma profundidad. En otras palabras, si suponemos que **O** ya ha introducido $cn.m$ y $cn.k$. Si **P** está en $c_{n.m}$ puede elegir $c_{n.k}$ y viceversa: si **P** está en $c_{n.k}$ puede elegir $c_{n.m}$.

Decimos que $\Diamond A \rightarrow \Box \Diamond A$ caracteriza a la lógica K5 porque tiene una estrategia ganadora si y sólo si las reglas estructurales son las anteriores.

c	O			P		c
				$\Diamond A \rightarrow \Box \Diamond A$	0	c_0
c_0	1	$\Diamond A$	0	$\Box \Diamond A$	2	c_0
c_0	3	$?\text{-}\Box c_{0.1}$	2	$\Diamond A$	4	$c_{0.1}$
$c_{0.1}$	5	$?\Diamond$	4	A ☺	8	$c_{0.2}$
$c_{0.2}$	7	A	1	$?\Diamond$	6	c_0

En la jugada 8, **P** elige un contexto del mismo nivel (nivel 1)

Desde el punto de vista de la semántica de mundos posibles de Kripke, la regla SR-K5 se corresponde con las accesibilidades representadas en el gráfico de la derecha, algunas de las cuales no son accesibiliades introducidas por los jugadores sino que están ya presupuestas en la estructura del juego.	w_0 ● ↙ ↘ ● ⇆ ● w_1 w_2

Lógica K4

Reglas estructurales de la lógica K4:

1. **SR-3**-Lógica modal
2. **SR-K**: **P** sólo puede elegir contextos (niveles) introducidos antes por **O**.
3. **SR-K4**: **P** puede elegir cualquier contexto de hasta dos niveles de profunidad.

Decimos que $\Box A \rightarrow \Box \Box A$ caracteriza la lógica K4 porque tiene una estrategia ganadora si y sólo si las reglas estructurales son las anteriores.

c	O			P			c
					$\Box A \rightarrow \Box\Box A$	0	c_0
c_0	1	$\Box A$	0		$\Box\Box A$	2	c_0
c_0	3	$?\text{-}\Box c_{0.1}$	2		$\Box A$	4	$c_{0.1}$
c_1	5	$?\text{-}\Box c_{0.1.1}$	4		A ☺	8	$c_{0.1.1}$
$c_{0.1.1}$	7	A		1	$?\text{-}\Box c_{0.1.1}$	6	c_0

En la jugada 6, P ataca eligiendo un contexto inferior en dos niveles de profundidad.

Desde el punto de vista de la semántica de mundos posibles de Kripke, la regla SR-K se corresponde con las accesibilidades representadas en el gráfico de la derecha, algunas de las cuales no son accesibiliades introducidas por los jugadores sino que están ya presupuestas en la estructura del juego.

w_0
$w_1 \quad w_2$

Lógica S4

Reglas estructurales de la lógica S4:

1. **SR-3**-Lógica Modal
2. **SR-K**: **P** sólo puede elegir contextos (niveles) introducidos antes por **O**.
3. **SR-K4**: **P** puede elegir cualquier contexto inferior en hasta dos niveles en profundidad.
4. **SR-T**: **P** puede elegir el mismo contexto (nivel) cuando defiende un diamante o ataca una caja.

Decimos que $\Box A \rightarrow \Diamond\Box\Diamond\Box\Diamond A$ caracteriza la lógica S4 porque tiene una estrategia ganadora si y sólo si las reglas estructurales son las anteriores.

c		O			P		c
					$\Box A \to \Diamond\Box\Diamond\Box\Diamond A$	0	c_0
c_0	1	$\Box A$	0		$\Diamond\Box\Diamond\Box\Diamond A$	2	c_0
c_0	3	?◊	2		$\Box\Diamond\Box\Diamond A$	4	c_0
c_0	5	?-$\Box c_{0.1}$	4		$\Diamond\Box\Diamond A$	6	$c_{0.1}$
$c_{0.1}$	7	?◊	6		$\Box\Diamond A$	8	$c_{0.1}$
$c_{0.1}$	9	?-$\Box c_{0.1.1}$	8		$\Diamond A$	10	$c_{0.1.1}$
$c_{0.1.1}$	11	?◊	10		A ☺	14	$c_{0.1.1}$
$c_{0.1.1}$	13	A		1	?-$\Box c_{0.1.1}$	12	c_0

En la jugada 12 jugamos con SR-K4 y en la 14 con SR-T.

Veamos ahora la lógica D donde **P** puede introducir contextos y perdemos la regla SR-K.

Desde el punto de vista de la semántica de mundos posibles de Kripke, la regla SR-K5 se corresponde con las accesibilidades representadas en el gráfico de la derecha, algunas de las cuales no son accesibilidades introducidas por los jugadores sino que están ya presupuestas en la estructura del juego.	

Lógica D

Reglas estructurales para la lógica D:
1. Lógica Modal **SR-3**
3. **SR-D**: **P** puede elegir cualquier contexto inferior indizado. En otras palabras, si suponemos que **P** está en c_0, **P** puede elegir un contexto $c_{0.1}$ aunque no haya sido introducido antes por **O**.

Decimos que $\Box A \to \Box\Diamond A$ caracteriza a la lógica D, porque tiene una estrategia ganadora si y sólo si las reglas estructurales son las anteriores.

c	O			P		c
				$\Box A \to \Diamond A$	0	c_0
c_0	1	$\Box A$	0	$\Diamond A$	2	c_0
c_0	3	$?\Diamond$	2	A ☺	6	$c_{0.1}$
$c_{0.1}$	5	A		1	$?\text{-}\Box c_{0.1}$	4	c_0

En la jugada 6, **P** introduce un contexto escogiendo uno de índice inferior (0>0,1).

Resumen

Lógica K: (Lógica Modal SR-3) + (SR-K): **P** puede elegir contextos (niveles) que **O** ha elegido anteriormente.

Lógicas T, KB, K5, K4, y S4: (Lógica Modal SR-3) + (SR-K) + (SR-T, SR-KB, SR-K5, SR-K4, SR-S4 respectivamente)

Lógica D: (Lógica Modal SR-3) + (SR-K) + (SR-D)

A continuación, presentamos algunos ejercicios en lógica K:

§19. Ejercicios

Caso 41: D($\Box(p \to p)$) en sistema K

c_0 =contexto de partida

c	O				P		c
					$\Box(p \to p)$	0	c_0
c_0	1	$?\text{-}\Box c_{0.1}$	0		$(p \to p)$	2	$c_{0.1}$
$c_{0.1}$	3	p	2		p☺	4	$c_{0.1}$

Jugada 0: N_1=<tesis, **P**-!-$\Box(p \to p)$>	La afirmación de **P** está en el contexto c_0
Jugada 1: N_2=<**O**-?-$\Box c_{0.1}$>	**O** introduce un nuevo contexto: $c_{0.1}$
Jugada 2: I_3=<**P**-!-$(p \to p)$>	**P** debe afirmar $p \to p$ en $c_{0.1}$

	Aquí comienza un nuevo juego del tipo I_1 para X=**P**
Jugada 3: I_2=<**O**-!-p>	**P** ataca la condicional
Jugada 4: I_3=<**P**-!-p>	☺

Puntuación final
P gana al hacer la última jugada: el diálogo está *terminado* y *cerrado*, **O** no puede seguir jugando, y la misma afirmación atómica aparece en las dos últimas jugadas: 3 y 4.

Caso 42: D($\Diamond$p→p) en sistema K

c		O			P		c
					$\Diamond$p→p	0	c_0
c_0	1	$\Diamond$p	0				
$c_{0.1}$	3	p ☺		1	?-$\Diamond$	2	c_0

Jugada 0: I_1=<tesis, **P**-!-$\Diamond$p→p>	La afirmación de **P** está en el contexto c_0
Jugada 1: I_2=<**O**-!-$\Diamond$p>	La defensa correspondiente a este ataque debe realizarse en el contexto c_0 Aquí comienza un nuevo juego del tipo P_1 para X=**P**
Jugada 2: P_2=<**P**-?-$\Diamond$>	
Jugada 3: P_3=<**O**-!-p>	Para evitar que **P** tome ventaja de la defensa, **O** introduce un nuevo contexto: $c_{0.1}$

Puntuación final
O gana al hacer la última jugada: el diálogo está *terminado* y *abierto*, **P** no puede seguir jugando, y no hay dos posiciones que cuenten con la misma afirmación atómica.

Caso 43: D(p→□p) en sistema K

c		O			P		c
					p→□p	0	c_0
c_0	1	p	0		□p	2	c_0
c_0	3	?-□$c_{0.1}$ ☺	2				

Jugada 0: I_1=<tesis, **P**-!-p→□p>	La afirmación de **P** está en el contexto c_0
Jugada 1: I_2=< **CH**, **O**-!-p>	
Jugada 2: I_3=<**D**, **P**-!-□p >	Aquí comienza un nuevo juego del tipo N_1 para X=**P**
Jugada 3: N_2=< **CH**, **O**-?-□$c_{0.1}$>	La defensa correspondiente a este ataque debe realizarse en el contexto c_0 Para evitar que **P** tome ventaja de la defensa, **O** introduce un nuevo contexto: $c_{0.1}$

Puntuación final
O gana al hacer la última jugada: el diálogo está *terminado* y *abierto*, **P** no puede seguir jugando, y no hay dos posiciones que cuenten con la misma afirmación atómica.

Caso 44: D(□p→□p) en sistema K

c		O			P		c
					□p→□p	0	c_0
c_0	1	□p	0		□p	2	c_0
c_0	3	?-□$c_{0.1}$	2		p ☺	6	c_1
$c_{0.1}$	5	p		1	?-□$c_{0.1}$	4	c_0

Jugada 0: I_1=<tesis, **P**-!-□p→□p>	La afirmación de **P** está en el contexto c_0
Jugada 1: I_2=< **CH**, **O**-!-□p>	Aquí comienza un nuevo juego del tipo N_1 para X=**O**
Jugada 2: I_3=<**D**, **P**-!-□p >	Aquí comienza un nuevo juego del tipo N_1 para X=**P**

Jugada 3: N_2=< *CH*, O-?-$\Box c_{0.1}$>	La defensa correspondiente a este ataque debe realizarse en el contexto $c_{0.1}$ introducido por **O**
Jugada 4: N_2=< *CH*, P-?-$\Box c_{0.1}$>	**P** escoge el mismo contexto $c_{0.1}$ para tomar ventaja de la defensa anterior
Jugada 5: N_3=<*D*, O-!-p >	
Jugada 6: N_3=<*D*, P-!-p >	

Puntuación final
P gana al hacer la última jugada: el diálogo está *terminado* y *cerrado*, **O** no puede seguir jugando, y la misma afirmación atómica aparece en las dos últimas jugadas: 5 y 6.

Caso 45: D($\Diamond$p→$\Box$p) en sistema K

c	O			P		c
				$\Diamond$p→$\Box$p	0	c_0
c_0	1	$\Diamond$p	0	$\Box$p	2	c_0
c_0	3	?-$\Box c_{0.1}$	2			
$c_{0.2}$	5	p ☺		1	?-$\Diamond$	4	c_0

Jugada 0: I_1=<tesis, P-!- $\Diamond$p→$\Box$p>	**P** afirma $\Diamond$p→$\Box$p en el contexto c_0
Jugada 1: I_2=< *CH*, O-!-$\Diamond$p>	Aquí comienza un nuevo juego del tipo P_1 para X=**O**
Jugada 2: I_3=<*D*, P-!-$\Box$p >	Aquí comienza un nuevo juego del tipo N_1 para X=**P**
Jugada 3: N_2=< *CH*, O-?-$\Box c_{0.1}$>	La defensa correspondiente a este ataque debe realizarse en el nuevo contexto $c_{0.1}$ escogido por **O**.
Jugada 4: P_2=< *CH*, P-?-$\Diamond$>	
Jugada 5: P_3=<*D*, O-!-p >	**O** presenta un nuevo contexto ($c_{0.2}$) impidiendo la obtención de "p" por **P** en el contexto c_0

Puntuación final
O gana al hacer la última jugada: el diálogo está *terminado* y *abierto*, **P** no puede seguir jugando, y no hay dos posiciones que cuenten con la misma afirmación atómica.

Caso 46: $D(\Diamond p \to \Diamond p)$ en sistema K

c	O				P		c
					$\Diamond p \to \Diamond p$	0	c_0
c_0	1	$\Diamond p$	0		$\Diamond p$	2	c_0
c_0	3	?-$\Diamond$	2		p ☺	6	$c_{0.1}$
$c_{0.1}$	5	p		1	?-$\Diamond$	4	c_0

Jugada 0: I_1=<tesis, **P**-!-$\Diamond p \to \Diamond p$>	La afirmación de **P** está en el contexto c_0
Jugada 1: I_2=< ***CH***, **O**-!-$\Diamond p$>	Aquí comienza un nuevo juego del tipo P_1 para X=**O**
Jugada 2: I_3=<***D***, **P**-!-$\Diamond p$ >	Aquí comienza un nuevo juego del tipo P_1 para X=**P**
Jugada 3: P_2=< ***CH***, **O**-?-$\Diamond$>	
Jugada 4: P_2=< ***CH***, **P**-?-$\Diamond$>	
Jugada 5: P_3=<***D***, **O**-!-p >	**O** introduce el nuevo contexto $c_{0.1}$
Jugada 6: P_3=<***D***, **O**-!-p >	**P** toma ventaja de la última jugada
Puntuación final **P gana** al hacer la última jugada: el diálogo está *terminado* y *cerrado*, **O** no puede seguir jugando, y la misma afirmación atómica aparece en las dos últimas jugadas: 5 y 6.	

Dejamos las explicaciones de los dos siguientes ejercicios al lector:

Caso 47: D($\Box$(p→q)→($\Box$p→$\Box$q)) en sistema K

c		O			P		c
					$\Box$(p→q)→($\Box$p→$\Box$q)	0	c_0
c_0	1	$\Box$(p→q)	0		$\Box$p→$\Box$q	2	c_0
c_0	3	$\Box$p	2		$\Box$q	4	c_0
c_0	5	?-$\Box c_{0.1}$	4		q☺	12	$c_{0.1}$
$c_{0.1}$	7	p→q		1	?-$\Box c_{0.1}$	6	c_0
$c_{0.1}$	9	p		3	?-$\Box c_{0.1}$	8	c_0
$c_{0.1}$	11	q		7	p	10	$c_{0.1}$

Caso 48: D(($\Box$p∧$\Box$q)→$\Box$(p∧q)) en sistema K

c		O			P		c
					($\Box$p→$\Box$q)→$\Box$(p∧q)	0	c_0
c_0	1	($\Box$p∧$\Box$q)	0		$\Box$(p∧q)	2	c_0
c_0	3	?-$\Box c_{0.1}$	2		p∧q	4	$c_{0.1}$
$c_{0.1}$	5	?-∧$_1$	4		p	12	$c_{0.1}$
c_0	7	$\Box$p		1	?-∧$_1$	6	$c_{0.1}$
c_0	9	$\Box$q		1	?-∧$_2$	8	$c_{0.1}$
$c_{0.1}$	11	p		7	?-$\Box c_{0.1}$	10	c_0
$c_{0.1}$	13	?-∧$_2$	4		q☺☺	16	$c_{0.1}$
$c_{0.1}$	15	q		9	?-$\Box c_{0.1}$	14	c_0

AUTORES

Juan Redmond es Profesor Titular Jornada Completa del Instituto de Filosofía de la Facultad de Humanidades y Educación de la Universidad de Valparaíso. Es Profesor y Licenciado en Filosofía por la Universidad Nacional de Cuyo y por la Universidad de Chile, Master en Literatura y Doctor en Filosofía y Lógica por la Universidad de Lille en Francia. Dirige junto a Rodrigo López-Orellana el *Centro de Estudios en Filosofía de la ciencia, Lógica y Epistemología*, la *Revista de Humanidades de Valparaíso*, la serie *Cuadernos* en College Publications del King's College. Es *Managing Editor* de las series de Springer: LEUS y LAR.

juan.redmond@uv.cl

Rodrigo López-Orellana es Profesor Adjunto Jornada Completa del Instituto de Filosofía de la Facultad de Humanidades y Educación de la Universidad de Valparaíso. Es Doctor en Lógica y Filosofía de la Ciencia por la Universidad de Salamanca, la Universidad de Santiago de Compostela, la Universidad de La Laguna, la Universitat de València, la Universidad de Valladolid y la Universidade da Coruña, España. Máster en Lógica y Filosofía de la Ciencia por la Universidad de Granada, la Universidad de Salamanca, la Universidad de Valladolid, la Universidad de La Laguna y por el Consejo Superior de Investigaciones Científicas (CSIC), España. Magíster en Filosofía, Profesor de Enseñanza Media en Filosofía, Licenciado en Filosofía y Licenciado en Educación por la Universidad de Valparaíso, Chile. Además, es Investigador del Centro de Estudios en Filosofía de la Ciencia, Lógica y Epistemología (CEFILOE), del Instituto de Filosofía UV, e Investigador del Instituto de Estudios de la Ciencia y la Tecnología de la Universidad de Salamanca (ECYT-USAL).

rodrigo.lopez@uv.cl

REFERENCIAS

Alama, J., A. Knoks, and S. Uckelman. 2011. Dialogues games for classical logic, In *Tableaux* 2011, eds. Giese, M. and R. Kuznets, 82–86. Bern: Universiteit Bern.

Barth, E.M. and E.C. Krabbe. 1982. *From Axiom to Dialogue*. Berlin, New York: De Gruyter.

Blackburn, P., de Rijke, M. and Venema, Y. 2001. *Modal Logic*, Cambridge: Cambridge University Press.

Blass, A. 1992. A game semantics for linear logic. *Annals of Pure and Applied Logic 56*(1): 183–220.

Brandom, R. 1994. Making it explicit. Cambridge, Mass.: Harvard University Press.

Castelnérac, B. and M. Marion. 2009. Arguing for inconsistency: Dialectical games in the academy, In *Acts of Knowledge: History, Philosophy and Logic*, eds. Primiero, G. and S. Rahman, 37–76. London: College Publications.

Clerbout, N. and Z. McConaughey 2022. Dialogical Logic. In E. N. Zalta and U. Nodelman (Eds.), *The Stanford Encyclopedia of Philosophy* (Fall 2022 ed.)., Stanford University. Metaphysics Research Lab.

Clerbout, N., M.H. Gorisse, and S. Rahman. 2011. Context-Sensitivity in Jain Philosophy: A Dialogical Study of Siddharsigani's Commentary on the Handbook of Logic. *Journal of Philosophical Logic* 40: 633–662.

Coquand, T. 1995. A semantics of evidence for classical arithmetic. *Journal of Symbolic Logic* 60: 325 – 337.

Crubellier, M. 2011. Du Sullogismos au Syllogisme. *Revue Philosophique de la France Et de l'Etranger 136*(1): 17–36.

Crubellier, M., M. Marion, Z. McConaughey, and S. Rahman. 2019. Dialectic, the Dictum de Omni and Ecthesis. *History and Philosophy of Logic* 40: 1–27.

Dutilh Novaes, C. 2020. *The Dialogical Roots of Deduction: Historical, Cognitive, and Philosophical Perspectives on Reasoning*. New York: Cambridge University Press.

Dutilh Novaes, C. and R. French. 2018. Paradoxes and structural rules from a dialogical perspective. *Philosophical Issues* 28: 129–158.

Ebbinghaus, K. 1964. *Ein Formales Modell der Syllogistik des Aristoteles*. GÖttingen: Vandenhoeck & Reprecht.

Felscher, W. 1985. Dialogues, strategies, and intuitionistic provability. *Annals of Pure and Applied Logic 28*(3): 217–254.

Fermüller, C.G. 2003. Parallel Dialogue Games and Hypersequents for Intermediate Logics, In *Automated Reasoning with Analytic Tableaux and Related Methods*, eds. Cialdea Mayer, M. and F. Pirri, 48–64. Heidelberg: Springer Berlin.

Fontaine, M. / Redmond, J. [2008]. *Logique Dialogique: une introduction, Volume 1: Méthode de Dialogique: Règles et Exercices*. London : College Publications, London, 2008.

French, R. 2019. A Dialogical Route to Logical Pluralism. *Synthese 198*(Suppl 20): 4969–4989.

Geach, P. (1962). Reference and Generality. Cornell University Press

Gethmann, C.F. 1982. Protologik. Untersuchungen zur Formalen Pragmatik von Begründungsdiskursen. *Zeitschrift für Philosophische Forschung 36*(2): 293–296.

Ginzburg, J. 2012. *The Interactive Stance: Meaning for Conversation*. Oxford, UK: Oxford University Press.

Gorisse, M.H. 2017. Logic in the Tradition of Prabhacandra, *The Oxfod Handbook of Indian Philosophy*. Oxford, UK: Oxford University Press.

Gorisse, M.H. 2018. Concealing meaning in inferential statements: the practice of patra in Jainism, In *Jaina studies: select Papers presented in the 'Jaina Studies' Section at the 16th World Sanskrit Conference, Bangkok Thailand and the 14th World Sanskrit Conference, Kyoto Japan*, ed. Balbir, Nalini and Fl'ugel, Peter, 111– 126. New Delhi: DK Publishers.

Herder, J.G. 1960. Abhandlung Über den Ursprung der Sprache [1772]. In E. Heintel (Ed.), *Johann Gottfried Herder. Sprachphilosophische Schriften*, Hamburg, pp. 3–87. Felix Meiner.

Hintikka, J. (1957). Necessity, Universality, and Time in Aristotle. *Ajatus, 20*, 65-90.

Hintikka, J. 1996. *The Principles of Mathematics Revisited*. New York: Cambridge University Press.

Hintikka, J. 2006. *Analyses of Aristotle*. Dordrecht: Springer. 27

Hintikka, J.G. and G. Sandu. 1997. Game-Theoretic Semantics, In *Handbook of Logic and Language*, eds. Benthem and Meulen. Cambridge: MIT Press.

Hodges, W. and J. Väänänen. 2019. Logic and Games, In *The Stanford Encyclopedia of Philosophy* (Fall 2019 ed.)., ed. Zalta, E.N. Stanford University: Metaphysics Research Lab.

Iqbal, M. 2022. *Arsyad al-Banjari's Insights on Parallel Reasoning and Dialectic in Law: The Development of Islamic Argumentation Theory in the 18th Century in Southeast Asia*, Volume 25. Cham: Springer.

Johnson, R.H. 1999. The Relation Between Formal and Informal Logic. *Argumentation 13*(3): 265–274.

Jónsson, Bjarni and Alfred Tarski, 1951, Boolean Algebras with Operators. Part I, *American Journal of Mathematics*, 73(4): 891–939. doi:10.2307/2372123

Kamlah, W. and P. Lorenzen. 1967. *Logische Propädeutik oder Vorschule des vernünftigen Redens*. Stuttgart: J.B. Metzler.

Kanger, S. (1972). Law and Logic. *Theoria*, *38*(3): 105–132. doi:10.1111/j.1755-2567.1972.tb00928.x

Keffer, H. 2001. *De Obligationibus: Rekonstruktion einer spätmittelalterlichen Disputationstheorie*. Boston: Brill.

Keiff, L. 2007. *Le Pluralisme Dialogique. Approches dynamiques de l'argumentation formelle*. Ph. D. thesis, Universit´e de Lille.

Keiff, L. 2010. La Dialectique, Entre Logique et Rh´etorique. *Revue de Métaphysique et de Morale 66*(2): 149–178.

Klev, A. 2022. Martin- Löf's Dialogue Rules. Talk at the Workshop "Meaning Explanations", Prague, December 2022.

Klev, A. 2023. Martin-Löf on the validity of inference, In *Perspectives on Deduction*, ed. Piccolomini d'Aragona, A. Cham: Springer. Forthcoming.

Lecomte, A. and M. Quatrini. 2011a. Figures of Dialogue: A View From Ludics. *Synthese* 183(S1): 59–85

Lecomte, A. and M. Quatrini. 2011b. Ludics and Rhetorics. *Ludics, Dialogue and Interaction*: PRELUDE Project-2006-2009. Revised Selected Papers 6505: 32–57.

Lewis, C. I. & Langford, C. H. (1932). *Symbolic Logic*. The century Philosophy Series. New York: The Century Co.

Lion, C. 2023. *L'Intuitionnisme dialogique. Une lecture iconoclaste de l'iconoclasme de Brouwer-Intuitionnisme et constructivisme*. Paris: Classiques Garnier.

Lorenz K. [2001]: Basin Objectives of Dialogue Logic in Historical Perspective, in S. Rahman & H. Rückert [2001b], pp. 255-263.

Lorenz, K. (2001). Basic Objectives of Dialogical Logic in Historical Perspective. Synthese, 127, 255-263. http://dx.doi.org/10.1023/A:1010367416884

Lorenz, K. 1961. *Arithmetik und Logik als Spiele*. Kiel: Christian - Albrechts - Universität.

Lorenz, K. 1970. *Elemente der Sprachkritik Eine Alternative Zum Dogmatismus Und Skeptizismus in der Analytischen Philosophie*. Frankf´urt: Suhrkamp.

Lorenz, K. 1998. *Indische Denker*. Beck'sche Reihe. München: C.H. Beck.

Lorenz, K. 2001. Basic objectives of dialogue logic in historical perspective. *Synthese* 127: 255–263.

Lorenz, K. 2008. Dialogischer Konstruktivismus, *Dialogischer Konstruktivismus*. Berlin, New York: De Gruyter.

Lorenz, K. 2010. *Logic, Language and Method - On Polarities in Human Experience*. Berlin, New York: De Gruyter.

Lorenz, K. 2011. *Gesammelte Aufsätze unter Einschluss gemeinsam mit Jürgen Mittelstraß geschriebener Arbeiten zu Platon und Leibniz*. Berlin, New York: De Gruyter.

Lorenz, K. 2015. *Zur Herkunft der Dialogbedingung im Dialogischen Aufbau der Logik*, pp. 55 – 74. Leiden, The Netherlands: Brill — Mentis.

Lorenz, K. 2021. *Von der dialogischen Logik zum dialogischen Konstruktivismus*. Berlin, Boston: De Gruyter.

Lorenz, K. and J. Mittelstrass. 1966. Theaitetos fliegt. Zur Theorie wahrer und falscher Sätze bei Platon. *Archiv für Geschichte der Philosophie 48* (1-3): 113–152.

Lorenz, K. and J. Mittelstrass. 1967. On rational philosophy of language: The programme in Plato's cratylus reconsidered. *Mind* 76(301): 1–20.

Lorenzen P. [1955]: *Einführung in die operative Logik und Mathematik*, Springer, Berlin, Göttingen, Heidelberg.

Lorenzen P. [1958]: "Logik und Agon", *Arti del XII Congresso Internationale de Filosofia*, Venezia. pp. 187–194. (Reprinted in Lorenzen and Lorenz [1978].)

Lorenzen, P & Lorenz, K. 1978. *Dialogische Logik*. Darmstadt: Wissenschaftliche Buchgesellschaft.

Lorenzen, P. 1969. *Normative Logic and Ethics*. Zürich: Bibliographisches Institut.

Lorenzen, P. and Schwemmer, O. 1973. *Konstruktive Logik, Ethik und Wissenschaftstheorie*, Volume 700. Mannheim: Bibliogr. Institution.

Marion, M. and Ruckert, H. 2015. Aristotle on Universal Quantification: A Study from the Point of View of Game Semantics. *History and Philosophy of Logic* 37: 1–29.

Martin- Löf, P. 2015. Is logic part of normative ethics? Transcript by Ansten Klev of a lecture given in Paris on 15 May 2015 and on 16 April 2015.

Martin- Löf, P. 2017. Assertion and request. Transcript by Ansten Klev of a lecture given in Stockholm on 14 August.

Martin- Löf, P. 2019a. Epistemic assumptions: are they assumed to be backwards vindicated or forwards vindicable? Transcript by Ansten Klev of a lecture given in Leiden on 6 September 2019.

Martin- Löf, P. 2019b. Logic and Ethics, In *Proof-Theoretic Semantics: Assessment and Future Perspectives. Proceedings of the 3rd Tübingen Conference on Proof Theoretic Semantics*, eds. Piecha, T. and P. Schroeder-Heister, 27–30. Tübingen: Universitätsbibliothek Tübingen.

McConaughey, Z. 2021. *Aristotle, science and the dialectician's activity: a dialogical approach to Aristotle's logic.* Ph. D. thesis, Université de Lille, Philosophie. Thèse de doctorat dirigée par Rahman, Shahid et Marion, Mathieu.

Meredith, C.A., Prior, A.N., 1956, Interpretations of Different Modal Logics in the "Property Calculus", In Copeland, B.J. (ed.) 1996, *Logic and Reality: Essays on the Legacy of Arthur Prior*, Oxford: Clarendon Press.

Prakken, H. 2005. Coherence and Flexibility in Dialogue Games for Argumentation. *J. Log. Comput.* 15: 1009–1040.

Prior, A. (1957). *Time and Modality*. Clarendon Press.

Rahman S. & Keiff L. 2004: On how to be a dialogician. In D. Vanderveken (Ed.) *Logic, Thought and Action*, Springer, Dordrecht, pp. 359-408.

Rahman, S., McConaughey, Z., Klev, A., and Clerbout, N. 2018. *Immanent Reasoning or Equality in Action. A Plaidoyer for the Play Level.* Cham: Springer.

Rahman, S. and J. Redmond. 2016. Armonía Dialógica: Tonk, Teoría Constructiva de Tipos y Reglas Para Jugadores Anónimos. *Theoria: Revista de Teoría, Historia y Fundamentos de la Ciencia 31*(1: 27–53.

Rahman, S. and H. Rückert. 1999. Dialogische Modallogik (Für T, B, s4, Und S5). *Logique et Analyse 167*(168): 243–282.

Ranta, A. 1988. Propositions as Games as Types. *Synthese 76*(3): 377–395.

Ranta, A. 1994. *Type-theoretical Grammar*. Indices (Claredon). New York: Clarendon Press.

Read, S. 1998. Hugh MacColl and the algebra of strict implication", <u>*Nordic Journal of Philosophical Logic*</u> 3, 59-83.

Redmond, J., & Fontaine, M. 2011. *How to Play Dialogues. An Introduction to Dialogical Logic*. London: College Publications.

Rückert, H. 2011. Dialogues as a Dynamic Framework for Logic. Dialogues and games of logic. London: College Publications.

Schröder-Heister, P. 2008. P. Lorenzen's operative justification of intuitionistic logic. In M. van Atten, P. Boldini, M. Bourdeau, G. Heinzmann (eds.), *One Hundred Years of Intuitionism* (1907-2007), Basel: Birkhäuser 2008.

Sørensen, M. and P. Urzyczyn. 2006. *Lectures on the Curry-Howard Iso-morphism*. Number vol. 10 in Lectures on the Curry-Howard isomor-phism. New-York: Elsevier.

Stegmueller W.[1964: "Remarks on the completeness of logical systems relative to the validity of concepts of P. Lorenzen and K. Lorenz". *Notre Dame Journal of Formal Logic*, 5, pp. 81-112.

Sterling, J. and Angiuli, C. 2021. Normalization for Cubical Type Theory, *2021 36th Annual ACM/IEEE Symposium on Logic in Computer Science (LICS)*, 1–15. New York, USA: Association for Computing Machinery.

Vaidya, A.J. 2013. Epistemic Responsibility and Critical Thinking. *Metaphilosophy 44*(4): 533–556

van Eemeren, F. and Grootendorst, R. 2004. *A Systematic Theory of Argumentation: The Pragma-dialectical Approach*. Cambridge: Cambridge University Press.

Walton, D.N. 1984. *Logical Dialogue-Games and Fallacies*. Lanham, Md.: University Press of America.

Wansing, H. 2001. Negation. In L. Goble (editors.), *The Blackwell Guide to Philosophical Logic*, ch. 19. Oxford: Blackwell, 2001.

Wittgenstein L., 1953: *Philosophical Investigations*, Oxford, Blackwell Publishing.

Woods, J., Irvine, A. and Walton, D. 2002. Argument: Critical Thinking, Logic and the Fallacies (M. Hogan). *Philosophical Books 43*(1): 43–45.

Woods, J.H. and Walton, D.N. 1989. *Fallacies: Selected Papers 1972-1982*. Dordrecht, Netherland: Foris.

Young, W.E. 2016. *The Dialectical Forge: Juridical Disputation and the Evolution of Islamic Law*. Cham, Switzerland: Springer.

Young, W.E. 2022. The Formal Evolution of Islamic Juridical Dialectic: A Brief Glimpse, In *New Developments in Legal Reasoning and Logic: From Ancient Law to Modern Legal Systems*, eds. Rahman, S., M. Armgardt, and H.C.N. Kvernenes, 83–113. Cham: Springer International Publishing.

Yrjönsuuri, M. 2001. *Medieval Formal Logic: Obligations, Insolubles and Consequences*. Dordrecht, Netherland: Springer.

www.ingramcontent.com/pod-product-compliance
Lightning Source LLC
Chambersburg PA
CBHW071823090426
42737CB00012B/2170